精品推荐

家装材料选购与施工指南系列

涂饰与安装材料

余 飞 编著

选购技巧

施工要点

装修内幕

中国建筑工业出版社年度品牌巨献·重点策划出版项目·聚集国内一线装饰材料专家

包容市场上能买到的**180种**家装材料，附含**1800张**实景图片

指明材料**名称、特性、规格、价格、使用范围**

重点分析材料的**选购技巧**与**施工要点**，揭开**装修内幕**

中国建筑工业出版社

图书在版编目（CIP）数据

涂饰与安装材料／余飞编著. —北京：中国建筑
工业出版社，2014.7
（家装材料选购与施工指南系列）
ISBN 978-7-112-16813-2

Ⅰ.①涂… Ⅱ.①余… Ⅲ.①住宅－室内装修－装
修材料－基本知识 Ⅳ.①TU56

中国版本图书馆CIP数据核字（2014）第095814号

责任编辑：孙立波　白玉美　率　琦
责任校对：陈晶晶　刘梦然

家装材料选购与施工指南系列
涂饰与安装材料
余　飞　编著

*

中国建筑工业出版社出版、发行（北京西郊百万庄）
各地新华书店、建筑书店经销
北京锋尚制版有限公司制版
北京画中画印刷有限公司印刷

*

开本：880×1230毫米　1/32　印张：4½　字数：130千字
2014年6月第一版　2014年6月第一次印刷
定价：30.00元
ISBN 978 - 7 - 112 - 16813 - 2
（25610）

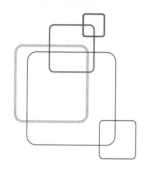

前　言

　　家居装修向来是件复杂且必不可少的事情，每个家庭都要面对。解决装修中的诸多问题需要一定的专业技能，其中蕴含着深奥的学问。本书对繁琐且深奥的装饰进行分解，化难为易，为广大装修业主提供切实有效的参考依据。

　　家居装修的质量主要是由材料与施工两方面决定的，而施工的主要媒介又是材料，因此，材料在家居装修质量中占据着举足轻重的地位，但不少装修业主对材料的识别、选购、应用等知识一直感到很困惑，如此复杂的内容不可能在短期内完全精通，甚至粗略了解一下都需要花费不少时间。本书正是为了帮助装修业主快速且深入地掌握装修材料而推出的全新手册，为广大装修业主学习家装材料知识提供了便捷的渠道。

　　现代家装材料品种丰富，装修业主在选购之前应该基本熟悉材料的名称、工艺、特性、用途、规格、价格、鉴别方法7个方面的内容。一般而言，常用的装修材料都会有2~3个名称，选购时要分清学名与商品名，本书正文的标题均为学名，对于多数材料在正文中同时也给出了商品名。了解材料的工艺与特性能够帮助装修业主合理判断材料的质量、价格与应用方法，避免错买材料造成不必要的麻烦。了解材料用途、规格能够帮助装修业主正确计算材料的用量，不至于造成无端的浪费。材料的价格与鉴别方法是本书的核心。为了满足全国各地业主的需求，每种材料都会给出一定范围的参考价格，业主可以根据实际情况选择不同档次的材料。鉴别方法主要是针对用量大且价格高的材料，介绍实用的选购技巧，操作简单，实用性强，在不破坏材料的前提下，能够基本满足实践要求。

本套书的编写耗时3年，所列材料均为近5年来的主流产品，具有较强的指导意义，在编写过程中得到了以下同仁提供的资料，在此表示衷心感谢，如有不足之处，望广大读者批评、指正。

编著者

2014年2月

本书由以下同仁参与编写（排名不分先后）

鲍 莹　边 塞　曹洪涛　曾令杰　付 洁　付士苔　霍佳惠
贺胤彤　蒋 林　王靓云　吴 帆　孙双燕　刘 波　李 钦
卢 丹　马一峰　秦 哲　邱丽莎　权春艳　祁炎华　李 娇
孙莎莎　吴程程　吴方胜　赵 媛　朱 莹　孙未靖　刘艳芳
高宏杰　祖 赫　柯 亨　李 恒　李吉章　刘 敏　唐 茜
万 阳　施艳萍

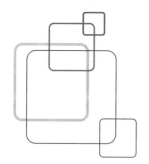

目　录

第四章　成品构件………………… 105

成品构件主要包括卫生洁具、成品设备、成品门窗3类。成品构件的门类、品牌繁多，除了关注各种构件的外观、样式，还要注重产品质量，避免安装以后才发现上当受骗。

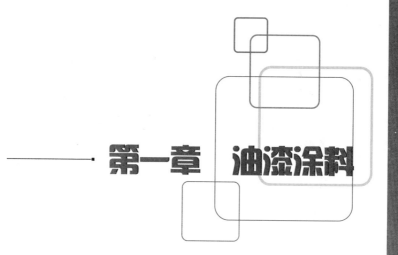

第一章 油漆涂料

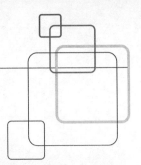

第一章　油漆涂料

　　油漆涂料是指能牢固覆盖在装修构造表面的混合材料，能形成粘附牢固且具有一定强度与连续性的固态薄膜，能对装修构造起保护、装饰、标志作用。油漆与涂料的概念并无明显区别，只是油漆多指以有机溶剂为介质的油性漆，或是某种产品的习惯名称。现代家居装修中运用的油漆涂料品种繁多，一般以专材专用的原则选购。

一、腻子

　　腻子又被称为填泥，是平整墙体、构造表面的一种凝固材料，也可以将其视为一种厚浆状涂料，是油漆涂料施工前必不可少的材料。腻子一般涂装于底漆表面或直接涂装在装饰构造表面，用以平整涂装表面高低不平的缺陷。在家居装修中，腻子既可以填补局部有凹陷的界面，也可在表面作全部刮涂。用于配置腻子的主要材料有以下几种。

1. 石灰粉

　　石灰粉是以碳酸钙为主要成分的白色粉末状物质，是传统无机胶凝材料之一，由于其原料分布广，生产工艺简单，成本低廉，在装修工程中应用广泛（图1-1、图1-2）。

　　石灰粉可以分为生石灰粉与熟石灰粉。生石灰粉是由块状生石灰磨细得到的细粉，熟石灰粉是将块状生石灰加适量水熟化而得到的粉末，

图1-1　石灰粉（一）

图1-2　石灰粉（二）

又称消石灰。生石灰粉熟化后形成石灰浆，其中石灰粒子形成氢氧化钙胶体结构，颗粒极细，其表面能够吸附大量的水，因而具有较强保持水分的能力，即保水性好。将石灰粉掺入水泥砂浆中，可以配成混合砂浆，能够显著提高砂浆的和易性。

在家居装修中，熟石灰粉与砂或水泥可配制出石灰砂浆或水泥石灰混合砂浆，主要用于砌筑构造的中层或表层抹灰，在此基础上再涂刮专用腻子与油漆涂料，其表层材料的吸附性会更好（图1-3、图1-4）。生石灰粉可以用于防潮、消毒，可撒于实木地板的铺设地面（图1-5），或加水调和成石灰水涂刷在庭院树木的茎秆上，具有防虫、杀虫的效果（图1-6）。

石灰粉的包装规格一般为0.5～50kg/袋，可以根据实际用量进行选购，价格为2～3元/kg。在墙体、构造表面涂刮石灰砂浆时，不宜单独使用熟石灰粉，一般还要掺入砂、纸筋、麻丝等材料，以减少收缩，增加抗拉强度，并能够节约熟石灰的用量。

图1-3 石灰粉调和

图1-4 石灰腻子刮墙

图1-5 石灰粉撒地

图1-6 石灰水涂刷树木

2. 石膏粉

石膏粉的主要原料是天然二水石膏，又被称为生石膏。它具有凝结速度快、硬化后膨胀、凝结硬化后孔隙率大、防火性能好、可调节室内温度湿度等特点，同时具备保湿、隔热、吸声、耐水、抗渗、抗冻等功能。

现代家居装修所使用的石膏粉多为改良产品，在传统石膏粉中加入了增稠剂、促凝剂等添加剂，使石膏粉与基层墙体、构造结合得更加完美（图1-7）。石膏粉主要用于修补石膏板吊顶、隔墙填缝，刮平墙面上的线槽，刮平未批过石灰的水泥墙面、墙面裂缝等，能够使表面具有防开裂、固化快、硬度高、易施工等特点（图1-8、图1-9）。

品牌石膏粉的包装规格一般为每袋5~50kg等多种，可以根据实际用量进行选购，其中包装为20kg的品牌石膏粉价格为50~60元/袋，散装普通生石膏粉价格为价格为2~3元/kg。

图1-7　石膏粉

在装修施工中，石膏粉应该根据需要加入一定比例的水、砂、缓凝剂，并搅拌成石膏砂浆，可用于墙体、构造的高级抹灰，表面细腻光滑、洁白美观。石膏粉直接加入适量的水拌制成的石膏浆也可以作为油漆的底层，在其表面可直接涂刷乳胶漆或铺装壁纸。

图1-8　石膏腻子

图1-9　石膏腻子刮墙

3. 腻子粉

腻子粉是指在油漆涂料施工之前，对施工界面进行预处理的一种成品填充材料，主要目的是填充施工界面的孔隙并矫正施工面的平整度，为了获得均匀、平滑的施工界面打好基础。

腻子粉主要分为一般型与耐水型两种。一般型腻子用于不要求耐水的场所，由双飞粉（碳酸钙）、淀粉胶、纤维素组成。其中淀粉胶是一种溶于水的胶，遇水溶化，不耐水，适用于北方干燥地区。耐水型腻子用于要求耐水、高粘结强度的场所，由双飞粉（碳酸钙）、灰钙粉、水泥、有机胶粉、保水剂等组成，具耐水性、耐碱性、粘结强度高等特点（图1-10）。

目前，在家居装修中，一般多将腻子粉加清水搅拌调和，即可得到能够立即用于施工的成品腻子，又被称为水性腻子。它是根据一定配比，采用机械化方式生产出来的，避免了传统施工现场因手工配比不准确造成的误差，能够有效保证施工质量，具有绿色环保、无毒无味的特性，不含甲醛、苯、二甲苯以及挥发性有害物质。在施工现场兑水即用，操作方便，工艺简单。此外，对于彩色墙面，可以采用彩色腻子，即在成品腻子中加入矿物颜料，如铁红、炭黑、铬黄等（图1-11）。

腻子粉的品种很多，知名品牌腻子粉的包装规格一般为20kg/袋，价格为50~60元/袋。其他产品的包装一般为5~25kg/袋不等，可以根据实际用量进行选购，其中包装为15kg的腻子粉价格为15~30元/袋。

图1-10 成品腻子粉

图1-11 成品腻子粉调色搅拌

选购腻子粉应注重产品质量，目前市场上的成品腻子种类繁多，价格差距很大。选购时，首先，打开包装仔细闻一下腻子粉的气味，优质产品无任何气味，而有异味的一般为伪劣产品。接着，用手捏起一些腻子粉，感受其干燥程度，优质产品应当特别细腻、干燥，在手中有轻微的灼热感，而冰凉的腻子粉则大多受潮。然后，仔细阅读包装说明，优质产品只需加清水搅拌即可使用，而部分产品的包装说明上要求加入901建筑胶水或白乳胶，则说明这并不是真正的成品腻子粉。有的产品虽然没有提出添加额外材料的要求，但是经销商却建议另购一些辅助材料添加进去，这也说明产品质量不完善。最后，关注产品包装上的执行标准、重量、生产日期、包装运输或存放注意事项、产品检验合格证编号、厂家地址等信息，优质产品的包装信息应当特别完善。

腻子粉在施工时要注意方法，施工基层应坚实、干净、基本平整、无明水，基层强度应大于或接近腻子的强度。对于吸水性强的基层应先用清水润湿或喷刷建筑胶水进行封底处理后再刮腻子，黏稠度以适合施工为宜，新抹灰的水泥墙应在养护期后再刮腻子。一般产品按腻子粉：水＝1：0.5的比例搅拌均匀，静置15min再次搅拌均匀即可使用。用钢刮板或抹刀按常规批刮，刮涂次数不可过多，通常批刮两次，第2次刮涂须在上层干透情况下才可施工（图1–12）。批刮厚度0.8～1.5mm，平均用量1~1.5kg/m²，一般2遍即可。腻子干后用240号砂纸进行打磨（图1–13），尽快涂刷涂料或粘贴壁纸。腻子粉保存时要注意防水、防潮，贮存期为6个月。不宜在同一施工面上使用多品牌腻子粉，以免引起化

图1-12　成品腻子刮墙

图1-13　腻子打磨

学反应或色差。

4. 原子灰

原子灰是一种不饱和聚酯树脂腻子，是由不饱和聚酯树脂（主要原料）以及各种填料、助剂制成，与硬化剂按一定比例混合，具有易刮涂、常温快干、易打磨、附着力强、耐高温、配套性好等优点，是各种底材表面填充的理想材料（图1-14、图1-15）。

在家居装修中，原子灰的作用与上述腻子粉一致，只不过腻子粉主要用于墙顶面乳胶漆、壁纸的基层施工，而原子灰主要用于金属、木材表面的刮涂（图1-16），或与各种底漆、面漆配套使用，是各种厚漆、清漆、硝基漆涂刷的基层材料。

原子灰的品种十分丰富，知名品牌原子灰的包装规格一般为3～5kg/罐，价格为20～50元/罐，可以根据实际用量进行选购。

原子灰在施工时要注意方法，被涂刮的表面必须清除油污、锈蚀、旧漆膜、水分，需确认其干透并经过打磨平整才能进行施工。将主灰与固化剂按100∶1.5～3（重量计）的比例调配均匀，与涂装界面的色泽应一致，并在凝胶时间内用完，一般原子灰的凝胶时间为10min，气温越低固化剂用量应越多。市场上的原子灰产品还分为夏季型与冬季型，根据季节、气温进行选择。

打开包装后，用刮刀将调好的原子灰涂刮在打磨后的家具、构造表面上，如需厚层涂刮，一般应分多次薄刮直至所需厚度。涂刮时若有气泡渗入，必须用刮刀彻底刮平，以确保有良好的附着力。一般刮原子灰

图1-14　原子灰

图1-15　原子灰调和

双飞粉

　　双飞粉又被称为钙镁粉、重质碳酸钙，主要成分是钙与镁，呈白色粉末状，是由天然碳酸盐矿物，如方解石、大理石、石灰石磨碎而成，是常用的粉状无机填料（图1-17）。双飞粉具有化学纯度高、惰性大、不易化学反应、热稳定性好、白度高、吸油率低、折光率低、质软、干燥、不含结晶水、硬度低磨耗值小、无毒、无味、无臭、分散性好等优点。

　　双飞粉是调配传统墙面腻子的重要材料，一般在家居装修现场，将双飞粉、901建筑胶水、熟胶粉（图1-18）3种材料按比例调配成具有一定黏稠度的腻子，用于墙面、构造等基层涂刮，从而获得较为平整的界面，满足各种涂料、壁纸等材料进一步施工的要求。这种腻子又被称为非成品腻子，调配的质量受原料质量、调配比例、施工水平、施工环境等多种因素的影响，现在已不常使用。

后0.5~1h为最佳水磨时间，2~3h为最佳干磨时间，待完全干透后才能进行涂装油漆。刮原子灰后，将打磨好的表面清除灰尘，即可进行各种

图1-16　原子灰修补

油漆涂料施工。如需降低原子灰黏度，应当购买配套的原子灰树脂进行调节。用完后立即加盖密封，使用过的原子灰不能装回原容器中。原子灰固化剂属危险化学品，有效储存期为6个月，须存放在阴凉处，远离热源，避免阳光、积压、碰撞等。

图1-17　双飞粉

图1-18　熟胶粉

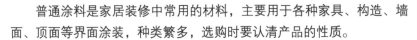

二、普通涂料

普通涂料是家居装修中常用的材料，主要用于各种家具、构造、墙面、顶面等界面涂装，种类繁多，选购时要认清产品的性质。

1. 清油

清油又被称为熟油、调漆油，是采用亚麻油等软质干性油，加部分半干性植物油，经熬炼并加入适量催干剂制成的浅黄至棕黄色黏稠液体涂料（图1-19）。清油施涂于装饰构造表面，能在空气中干燥结成固体薄膜，具有弹性。

清油一般用于调制厚漆与防锈漆，也可以单独使用，主要用于木制家具底漆，是家居装修中对门窗、护墙裙、暖气罩、配套家具等木质构造进行装饰的基本油漆，可以有效地保护木质装饰构造不受污染。清油主要善于表现木材纹理，而硬木纹理大多比较美观，因此清油大多使用在硬木上（图1-20）。尤其是需要透木纹的面板上，这也是与混油的明显区别。

清油的品种单一，常用包装规格为每桶0.5～18kg不等。在施工时，清油可以直接涂刷在干净、光滑的木质家具、构造表面，涂刷2～3遍即可。

2. 清漆

清漆又被称为绝缘漆[①]，是一种不含着色物质的涂料。清漆是以树

图1-19　清油

图1-20　清油涂刷

①《色漆和清漆词汇》GB/T5206.1-1985规定不再使用凡立水术语。

脂为主要成膜物质，加上溶剂组成的涂料，由于涂料与涂膜均为透明质地，因而也被称为透明漆。清漆涂在装饰构造表面，干燥后形成光滑薄膜，能充分显露出原有的纹理、色泽。

清漆是目前家居装修中最主要的漆种，其流平性很好，若出现流挂痕迹可以再刷1遍，流挂痕迹就能重新溶解，常用的清漆有以下几种。

1）酯胶清漆

酯胶清漆又被称为耐水清漆，是由干性油与多元醇松香酯熬炼，加入催干剂、溶剂油调配而成。漆膜光亮，耐水性好，但光泽不持久，干燥性差。酯胶清漆主要用于木材表面涂装，也可以作金属表面罩光。

2）虫胶清漆

虫胶清漆又被称为绝缘漆、酒精绝缘漆，是将虫胶溶于乙醇中制成的。虫胶清漆干燥快，可使木纹更清晰。缺点是耐水性、耐候性差，日光暴晒会失去光泽，热水浸烫会泛白，专门用于木器表面的装饰与保护涂层。

3）酚醛清漆

酚醛清漆又被称为永明漆，是由干性油酚醛涂料加催干剂、溶剂油制成。干燥较快，漆膜坚韧耐久，光泽好，耐热、耐水、耐弱酸碱，缺点是漆膜易泛黄、较脆。用于涂饰木器表面，也可以涂装在油性色漆上作罩光。

4）醇酸清漆

醇酸清漆又被称为三宝漆，是由中油度醇酸树脂溶于有机溶剂中，加入催干剂制成（图1-21）。醇酸清漆干燥快，硬度高，可抛光打磨，色泽光亮，耐热，但膜脆、抗大气性较差，主要用于室内外金属、木材表面涂装。

5）硝基清漆

硝基清漆又被称为清喷漆、腊克，是由硝化棉、醇酸树脂、增韧剂等原料，溶于酯、醇、苯类混合溶剂中制成（图1-22）。硝基清漆的光泽、耐久性良好，用于木材及金属表面涂装，也可作硝基漆外用罩光。

6）丙烯酸清漆

丙烯酸清漆由甲基丙烯酸酯、甲基丙烯酸共聚树脂、增韧剂等原料，溶于酯、醇、苯类混合溶剂中制成（图1-23），耐候性、耐热性及

图1-21　醇酸清漆

图1-22　硝基清漆

图1-23　丙烯酸清漆

图1-24　氟碳清漆

附着力良好，用于涂饰各种木质材料表面。

7）聚酯酯胶清漆

聚酯酯胶清漆由涤纶、油酸、松香、甘油等原料经熬炼后，加入催干剂、溶剂油、二甲苯制成，具有快干、漆膜光亮等特点，用于涂饰木材表面，也可作金属面罩光。

8）氟碳清漆

氟碳清漆是以氟碳树脂为主要成分的常温固化型清漆，具有超耐候性与耐持久性等优异性能，可用于多种涂层与基材的罩面保护（图1-24）。适用于环氧树脂、聚氨酯、丙烯酸、氟碳漆等材料上光罩面与装饰保护。

氟碳清漆主要用于家具、地板、门窗等装修构造的表面涂装，也可以加入颜料制成瓷漆，或加入染料制成有色清漆。传统清漆价格低廉，常用包装为0.5～10kg/桶，其中2.5kg包装产品价格为50～60元/桶，需要额外购置稀释剂调和使用。现代清漆多用套装产品，1组包装内包括漆2kg、固化剂1kg、稀释剂2kg等3种包装，价格为200~300元/组，每组可涂刷15~25m²。

　　清漆品种繁多，但使用目的基本一致，就是为了表现其透明属性。在选购时要注意识别，由于清漆为密封包装，从外部很难看出产品质量，因此，一般应选用知名品牌的产品。如果对产品不了解，可以先购买小包装产品，用于装修中次要家具的界面涂装，如果涂刷流畅，结膜性好，则说明质量不错。此外，可以将清漆的包装桶提起来晃动，如果有较大的液体撞击声，则说明包装严重不足，缺斤少两或黏稠度过低，而正宗优质产品几乎听不到声音。

　　清漆的施工质量与施工方法紧密相关。首先，清理材料、构造表面的灰尘与污物（图1-25）。然后，用0号砂纸将涂刷表面磨光（图1-26），涂刷保护底漆，底漆一般也是面漆，只是清漆底层的涂刷应在乳胶漆施工之前进行。接着，待干透后用经过调配的色粉、熟胶粉、双飞粉调合成腻子或采用成品原子灰将钉眼、树疤掩饰掉，以求界面颜色统一，干透后用360号砂纸磨光，涂刷第2遍清漆，再次打磨后继续涂刷第3遍清漆（图1-27）。最后，用干净的湿抹布将涂刷界面表面抹湿，然后用600号砂纸湿水后打磨表面，并刷第4遍清漆（图1-28）。一般而言，对于木质家具、构造共需要涂刷清漆约为4~6遍才会有较为平整、优质的效果，但一般不宜超过8遍。

3. 厚漆

　　厚漆又被称为混油，是采用颜料与干性油混合研磨而成的油漆产

图1-25　扫除灰尘

图1-26　打磨平整

图1-27 涂装清漆

图1-28 涂装效果

品，外观黏稠，需要加清油溶剂搅拌后才可使用（图1-29、图1-30）。这种油漆遮覆力强，可以覆盖木质纹理与金属表面，与面漆的粘结性好，经常用于涂刷面漆前的打底，也可以单独用作面层涂刷，但是漆膜柔软，坚硬性较差，适用于对外观要求不高的木质材料打底漆与镀锌管接头的填充材料。

在家居装修中，厚漆使用简单，色彩种类单一，主要用于木质家具、构造的表面涂装，能完全遮盖木质纹理，给木质构造重新定义色彩。传统厚漆为醇酸漆，价格低廉，常用包装为0.5～10kg/桶，其中2.5kg包装产品价格为50～60元/桶，需要额外购置稀释剂调和使用。现代厚漆多用套装产品，1组包装内包括漆2kg、固化剂1kg、稀释剂2kg等3种包装，价格为200～300元/组，每组可涂刷15～20m^2。

厚漆的选购方法与上述清漆类似，但是厚漆的施工工艺分为喷漆、擦漆、刷漆等多种，各种工艺都有自己的特点。一般普通工艺为刷涂，

图1-29 厚漆

图1-30 厚漆涂装金属

★装修顾问★

调合漆

调和漆也称调合漆，是现代家居装修的高级油漆，它的名称源于早期油漆工人对油漆的自行调配，一般用作饰面漆（图1-31）。调和漆在生产过程中已经经过调和处理，相对于不能开桶即用的混油而言，它不需要现场调配，即可直接用于装修施工的涂装。

传统的调和漆是用纯油作为漆料，后来为了改进它的性能，加入了一部分天然树脂或松香酯作为成膜物质。调和漆分为油性调和漆和磁性调和漆两类。油性调和漆是以干性油和颜料研磨后加入催干剂与溶解剂调配而成的，吸附力强，不易脱落、松化，经久耐用，但干燥、结膜较慢。磁性调和漆又被称为磁漆，是用甘油、松香酯、干性油与颜料研磨后加入催干剂、溶解剂配制而成的，其干燥性能比油性调和漆要好，结膜较硬，光亮平滑，但容易失去光泽，产生龟裂。

其效果一般，会在漆膜上有刷痕，不能成为高级工艺。中高级工艺都以喷漆或擦漆为主，对板材饰面的要求不是很高，一般采用木芯板衬底，松木、水曲柳或榉木等硬木收口，做装饰造型也可以用于纤维板表面。擦漆为高级工艺，木材及底层处理同中级工艺一样，但是在油漆工艺上则不同，擦漆是用脱脂棉包上纱布，蘸上稀释好的厚漆，慢慢地在木器表面涂擦，一般涂擦遍数在3遍以上才能达到良好效果（图1-32）。

由于厚漆漆膜容易泛黄，在施工的后期需要加入少许黑漆或蓝漆压色，使油漆漆膜不容易在光照下泛黄。由于木材接口处容易开裂，所以在接口处理上一定要仔细，木线条一定要干燥，最后才能达到圆满的效果。具体施工工艺与上述清漆类似，只是涂装一般应≤3遍。

图1-31　调和漆

图1-32　厚漆涂装家具

4. 硝基漆

硝基漆是目前比较常见的木器及装修用油漆（图1-33）。硝基漆的主要成膜物是以硝化棉为主，配合醇酸树脂、改性松香树脂、丙烯酸树脂、氨基树脂等软硬树脂共同组成，此外还添加邻苯二甲酸二丁酯、二辛酯、氧化蓖麻油等增塑剂。硝基漆分为外用清漆、内用清漆、木器清漆、彩色磁漆等4类。

1）外用清漆

外用清漆是由硝化棉、醇酸树脂、柔韧剂及部分酯、醇、苯类溶剂组成，涂膜光泽、耐久性好，一般只用于室外金属与木质表面的涂装。

2）内用清漆

内用清漆是由低黏度硝化棉、甘油松香酯、不干性油醇酸树脂，柔韧剂以及少量的酯、醇、苯类有机溶剂组成，涂膜干燥快、光亮、户外耐候性差，可用作室内金属与木质表面的涂装。

3）木器清漆

木器清漆是由硝化棉、醇酸树脂、改性松香、柔韧剂和适量酯、醇、苯类有机挥发物配制而成，涂膜坚硬、光亮，可打磨，但耐候性差，只能用于室内木质表面的涂装。

4）彩色磁漆

彩色磁漆是由硝化棉、季戊四醇酸树脂、颜料、柔韧剂以及适量溶剂配制而成，涂膜干燥快，平整光滑，耐候性好，但耐磨性差，适用于室内外金属与木质表面的涂装（图1-34）。

在家居装修中，硝基漆主要用于木器及家具、金属、水泥等界面，

图1-33　硝基漆

图1-34　硝基漆色板

一般以透明、白色为主。优点是装饰效果较好，不氧化发黄，尤其是白色硝基漆质地细腻、平整，干燥迅速，对涂装环境的要求不高，具有较好的硬度与亮度，修补容易。缺点是固含量较低，需要较多的施工遍数才能达到较好的效果，此外，硝基漆的耐久性不太好，尤其是内用硝基漆，其保光、保色性不好，使用时间稍长就容易出现诸如失光、开裂、变色等弊病。

硝基漆常用包装为0.5~10kg/桶，其中3kg包装产品价格为70~80元/桶，需要额外购置稀释剂调和使用。硝基漆的选购方法与清漆类似，只是硝基漆的固含量一般都≥40%，气味温和，劣质产品的固含量仅在20%左右，且气味刺鼻。

硝基漆的施工方法与清漆类似，使用前应将漆搅匀，如有漆粒或杂质，必须进行过滤清除，可用丝袜作为过滤网。如果条件允许，可以加入稀释剂降低硝基漆的黏稠度，以喷涂为主（图1-35、图1-36）。施工前应将被涂物表面彻底清理干净，如果空气湿度大，漆膜易出现发白现象，应加入硝基防潮剂调整硝基漆的黏稠度。施工时间以10min左右为宜，用量为8~10m²/kg，一般应涂装6~8遍。

硝基漆在运输时应防止雨淋、日光暴晒，避免碰撞。产品应存放在阴凉通风处，防止日光直接照射，并隔绝火源，远离热源的部位。

5. 水性木器漆

水性木器漆是以水作为稀释剂的漆，又被称为水溶性漆，是以水溶性树脂为成膜物，添加聚乙烯醇及其各种改性物制成（图1-37、图

图1-35　硝基漆喷涂

图1-36　施工完毕

1-38）。传统油性漆相对硬度更高、丰满度更好，但是水性木器漆的环保性更好，通常油性漆使用的是有机溶剂，通常被称为天那水或香蕉水，有污染，还可以燃烧。水性木器漆具有无毒环保、无气味、可挥发物极少、不燃不爆的高安全性、不黄变、涂刷面积大等优点。当前，水性木器漆品牌众多，按照主要成分的不同，可分为以下3类。

1）丙烯酸水性漆

丙烯酸水性木器漆的主要特点是附着力好，不会加深木器的颜色，但耐磨及抗化学性较差，漆膜硬度较软，丰满度较差，综合性能一般，施工易产生缺陷，其优点是价格便宜。

2）聚氨酯水性漆

聚氨酯水性漆的综合性能优越，丰满度高，漆膜硬度强，耐磨性能甚至超过油性漆，在使用寿命、色彩调配等方面都有着较为明显的优势，为水性漆中的高级产品。

3）丙烯酸树脂与聚氨酯水性漆

这种产品除了秉承丙烯酸漆的特点外，又增加了耐磨及抗化学性强的特点，漆膜硬度较好，丰满度较好，综合性能接近油性漆。

在家居装修中，水性木器漆主要用于各种木质家具、构造的表面涂装，虽然水性漆具有环保性，且漆膜效果好等优点，但是单组分水性漆的硬度、耐高温等性能与传统的油性清漆还存在一定差距。一般用于不太重要的装饰构造上，如家具的侧部板材，而用到台面、桌面等部位则非常容易受到磨损。

图1-37 水性木器漆

图1-38 水性木器漆涂装样本

★装修顾问★

水性木器漆常见问题与解决方法

（1）漆膜起皱或开裂。水性木器漆采取一次性厚涂，丰满度很好，但是漆膜表面易出现起皱或开裂现象。漆膜表层迅速干燥成膜，而厚厚的内层却干燥缓慢，最终导致成膜表面不平，即容易起皱或开裂。因此，在施工时不要一次厚涂，要多次施工。

（2）漆膜附着力差。水性木器漆施工后会发现涂层层间粘结不牢，产生附着不良的现象，出现层与层之间相互剥离。造成漆膜层间附着力不良的直接原因是层间没有打磨。因此，在高温天气施工，每层间都要进行充分打磨，增进附着力，同时施工安排在早晚为宜，确保产品质量得以体现。

（3）漆层发白。主要是施工环境湿度太大，施工过程中涂膜太厚等原因造成。漆层的表干时间随着气温的升高而加快，但是实干时间却较为缓慢。导致底部漆层未完全实干。在下雨天或湿度大的天气，容易产生漆层发白的现象。每遍涂装一定要等完全干燥后再进行下一遍涂装。

总之，在夏天使用水性木器漆时，要重点把握施工过程中漆膜的厚度，建议采用薄涂多次，另外，要掌握好施工的间歇时间，一定要在漆层实干的情况下，再进行下一道工序施工，确保水性木器漆的施工质量。

水性木器漆常用包装为0.5～10kg/桶不等，其中2.5kg包装产品价格为200～400元/桶。在施工中可以加清水稀释，但是加水量一般应≤20%。水性木器漆的选购方法与清漆类似，正宗水性木器漆打开包装后基本闻不到气味，或只有非常轻微的气味。如果经销商或包装说明上指出需要专用稀释剂或酒精类物质稀释，那就一定不是正宗产品。

水性木器漆的施工方法与清漆类似，施工条件为10～30℃，相对湿度50%～80%，过高或过低的温度、湿度都会导致涂装效果不良，如流挂、橘皮、气泡等。水性木器漆与待涂面的温度应一致，不得在冷木材上涂漆。水性漆可在阳光下施工与干燥，但是要避免在热表面上涂漆。在垂直面上涂装时，应加5%～20%的清水稀释后喷涂或刷涂，喷涂要薄，刷涂时蘸漆量宜少也要薄涂，以免流挂，应薄层多道施工（图1-39、图1-40）。

水性木器漆一般涂装3～4遍即可达到良好的效果，如果要求高丰满

图1-39 羊毛刷

图1-40 水性木器漆调和

度，涂装遍数还应增加，每遍之间不仅要进行打磨，还应适当延长干燥时间，达4h以上为佳。水性木器漆施工后通常干燥7d才能达到最终强度，在此之前已涂装的木器构造应小心养护，不能叠压、覆盖、碰撞，以免造成表面涂装受到损伤而影响效果。

6. 乳胶漆

乳胶漆又被称为合成树脂乳液涂料，是有机涂料的一种，是以合成树脂乳液为基料加入颜料、填料及各种助剂配制的水性涂料（图1-41、图1-42）。

乳胶漆干燥速度快。在25℃时，30min内表面即可干燥，120min左右就可以完全干燥。乳胶漆耐碱性好，涂于碱性墙面、顶面及混凝土表面，不返粘，不易变色。色彩柔和，漆膜坚硬，表面平整无光，观感舒适，色彩明快而柔和，颜色附着力强。乳胶漆调制方便，易于施工。可以用清水稀释，能刷涂、滚涂、喷涂，工具用完后可用清水清洗，十分便利。

图1-41 乳胶漆（一）

图1-42 乳胶漆（二）

乳胶漆根据生产原料的不同，主要有聚醋酸乙烯乳胶漆、乙丙乳胶漆、纯丙烯酸乳胶漆、苯丙乳胶漆等品种；根据产品适用环境的不同，可分为内墙乳胶漆与外墙乳胶漆两种；根据装饰的光泽效果又可分为亚光、丝光、有光、高光等类型。在家居装修中，多采用内墙乳胶漆，用于涂装墙面、顶面等室内基础界面。

1）亚光漆

亚光漆无毒、无味，具有较高的遮盖力、良好的耐洗刷性、附着力强、耐碱性好，安全环保施工方便，流平性好，这是目前家居装修的主要涂料品种（图1-43）。

2）丝光漆

丝光漆涂膜平整光滑、质感细腻、具有丝绸光泽、遮盖力高、附着力强、抗菌防霉、耐水耐碱等优良性能，涂膜可洗刷，光泽持久，适用于卧室、书房等小面积空间（图1-44）。

3）有光漆

有光漆色泽纯正、光泽柔和、漆膜坚韧、附着力强、干燥快、防霉耐水，耐候性好、遮盖力高，适用于客厅、餐厅等大面积空间。

4）高光漆

高光漆具有超卓遮盖力，坚固美观、光亮如瓷。它具有很高的附着力和高防霉抗菌性能，耐洗刷、涂膜耐久且不易剥落，而且坚韧牢固，主要适用于别墅、复式等高档豪华住宅（图1-45）。

此外，还有固底漆与罩面漆等品种。固底漆能有效地封固墙面，耐

图1-43 亚光漆

图1-44 丝光漆

图1-45 高光漆

碱防霉的涂膜能有效地保护墙壁，具有极强的附着力，能有效防止面漆咬底龟裂，适用于各种墙体基层使用。罩面漆的涂膜光亮如镜，耐老化，极耐污染，内外墙均可使用，污点一洗即净，适用于厨房、卫生间、餐厅等易污染的空间。

乳胶漆常用包装为3～18kg/桶，其中18kg包装的产品价格为150～400元/桶，知名品牌产品还有配套组合套装产品，即配置固底漆与罩面漆，价格为800～1200元/套。乳胶漆的用量一般为12～18m²/L，涂装2遍。

乳胶漆品种繁多，在选购时要注意质量。首先，掂量包装，1桶5L包装的乳胶漆约重8kg，1桶18L包装的乳胶漆约重25kg。还可以将桶提起来摇晃，优质乳胶漆晃动一般听不到声音，很容易晃动出声音则证明乳胶漆黏稠度不高。其次，可以购买1桶小包装产品，打开包装后观察乳胶漆，优质产品比较黏稠，且细腻润滑，可用木棍挑起乳胶漆查看，优质产品的漆液自然垂落能形成均匀的扇面，不应断续或滴落（图1-46）。然后，可以闻一下乳胶漆，优质产品会散发出淡淡的清香，而伪劣产品则有一股泥土味，甚至带有刺鼻气味，或无任何气味。最后，用手触摸乳胶漆，优质产品比较黏稠，呈乳白色液体，无硬块、搅拌后呈均匀状态。漆液能在手指上均匀涂开，能在2min内干燥结膜，且结膜有一定的延展性（图1-47）。

现在生活品质提高了，乳胶漆早已不是以往单调的白色，许多装修业主希望墙面色彩有所变化。乳胶漆可以调制出各种色彩。知名品牌乳

图1-46　挑起乳胶漆

图1-47　拿捏黏稠度

胶漆的经销商都提供调色服务，费用为购置产品的5%左右，调色前可提供色板参考（图1-48、图1-49），采用专业机械调色，精准度高，还可多次调色（图1-50），色彩效果统一。装修业主也可以购买彩色颜料自行调色，在文具店或美术用品商店购买水粉颜料（图1-51），加清水稀释后逐渐倒入白色乳胶漆中，搅拌均匀即可（图1-52）。调色时应注意，所调配的颜色应比预想的色彩要深些，因为乳胶漆涂装完毕干燥后会变浅。在家居装修中，一般只对墙面颜色作改变，而顶面仍用白色，这样会更有层次，调配出较深的颜色一般只适用于局部涂装，或在某一面墙上涂装，避免产生空间变窄的不良效果。乳胶漆调配颜色一般以中浅程度的黄色、蓝色、紫色、橘红、粉红为主，不宜加入灰色、黑色。

乳胶漆在施工前，首先，应先处理墙面所有的起壳、裂缝处，并用腻子补平，清除墙面各种残浆、垃圾、油污。采用成品腻子满刮墙、顶面2遍，采用360号砂纸打磨平整并将粉末扫除干净（图1-53）。然后，

图1-48　乳胶漆色板

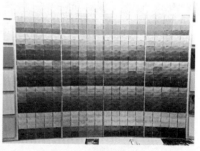

图1-49　乳胶漆色板

图1-50　调色机

图1-51　水粉颜料

用羊毛刷涂刷边角部位，等2～3h后再大面积的用滚筒滚涂（图1-54、图1-55）。对于潮湿地区，施工时应先涂底漆，等6h左右待底漆完全干透后再涂面漆。避免在雨雾天气施工，一般在温度25℃、湿度50%环境下施工为最佳。涂料在涂刷时与干燥前必须防止雨淋及尘土污染。注意不宜在墙表面温度低于10℃的情况下施工。接着，待第1遍涂装完全干燥后，用600号砂纸将局部不平整部位再次打磨，并将粉末扫除干净。最后，进行第2遍涂装，第2遍涂装一般应加清水20%搅拌均匀后再施工，这样能保证乳胶漆表面自流平整，乳胶漆一般涂装2～3遍即可。

乳胶漆涂装使用的材料品种、颜色应符合设计要求，涂刷面颜色一致，不允许有透底、漏刷、掉粉、泛碱、起皮、咬色等质量缺陷。使用喷枪喷涂时，喷点应疏密均匀，不允许有连皮现象，不允许有流坠，手触摸漆膜应光滑、不掉粉，保持门窗及灯具、家具等洁净，无涂料痕迹。乳胶漆的施工方法主要有刷涂、滚涂、喷涂。刷涂主要采用羊毛刷

图1-52　乳胶漆调色

图1-53　基层打磨

图1-54　刷涂边缘

图1-55　滚涂中央

★装修顾问★

乳胶漆常见问题与解决方法

乳胶漆涂刷常见的质量缺陷有起泡、掉粉、流坠、透底及涂层不平滑等。

（1）起泡。主要原因有基层处理不当、涂层过厚等，特别是木芯板基层涂装容易出现起泡。乳胶漆在使用前要搅拌均匀，在涂刷前在底腻子层上刷1遍901胶水或封固底漆。在返工修复时，应将起泡脱皮处清理干净，先刷901胶水或封固底漆后再进行修补。

（2）掉粉。主要原因是基层未干燥就潮湿施工，未刷封固底漆及涂料过稀也是重要原因之一。如发现掉粉，应返工重涂，将已涂刷的材料清除，待基层干透后再施工。施工中必须用封固底漆先刷1遍，特别是对新墙，面漆的稠度要合适，白色墙面应稍稠些。

（3）流坠。主要原因是乳胶漆黏稠度过低，涂层太厚。施工中必须调好涂料的黏稠度，不能加水过多，操作时板刷要勤蘸、少蘸，避免出现流挂痕迹。如发生流坠，需等漆膜干燥后用600号砂纸打磨，清理饰面后再涂刷1遍面漆。

（4）透底。主要是涂刷时乳胶漆过稀、次数不够或质量差。在施工中应选择含固量高、遮盖力强的产品，如发现透底，应增加面漆的涂刷次数，以达到墙面涂刷标准。

（5）涂层不平滑。主要原因是乳胶漆中含有杂质、漆液过稠、乳胶漆质量差。在施工中要使用流平性好的产品，最后1遍面漆涂刷前，漆液应过滤后使用。乳胶漆不能过稠，发生涂层不平滑时，可用600号砂纸打磨光滑后，再涂刷1遍面漆。

（6）裂纹。施工温度过低，达不到乳胶漆的成膜温度从而无法形成连续的涂膜；基层处理不当，如墙面开裂而引起的涂膜开裂；涂刷第1遍涂层过厚又未完全干燥即涂第2遍，由于内外干燥速度不同，引起涂膜的开裂；批刮的水泥腻子的开裂，引起涂膜的开裂。

（7）脱落。主要原因是乳胶漆施工温度低，未能形成连续的涂膜进而龟裂，遇水即会脱落；基层疏松，有油污等污物，涂膜与基层粘附不好，造成剥落；基层批刮腻子的强度低，腻子层未干透即涂刷乳胶漆；基层过于平滑，以造成涂膜附着力不好。施工前应先观察涂装界面，如有渗漏应及时处理，可以用耐久性强且具有防水功能的腻子对墙面作预处理，然后再按常规涂刷。施工时一定要及时将墙面处理干净。

（8）变色及褪色。墙体温度过高、日照时间长、墙体含盐碱等都会造成乳胶漆变色及褪色，应选用多效合一的优质产品，或增加调色颜料。

施工，优点是刷痕均匀，缺点是容易掉毛，且效率低下。滚涂比较节省材料，但是对边角地区的涂刷不到位，而且容易产生滚痕，影响美观。喷涂分为有气喷涂与无气喷涂两种方式，主要是借助喷涂机完成施工，优点是施工效率高，漆膜平滑，缺点是雾化严重，容易喷到其他界面上，比较浪费乳胶漆。

三、装饰涂料

装饰涂料是除普通涂料以外的小品种产品，常用于具有特色设计风格的住宅空间，涂装面积不大，但是能顺应设计风格，给家居装修带来不同韵味。

1. 仿瓷涂料

仿瓷涂料也被称为瓷釉涂料，是一种装饰效果类似瓷釉饰面的装饰涂料（图1-56、图1-57）。主要生产原料为溶剂型树脂、水溶性聚乙烯醇、颜料等。由于组成仿瓷涂料主要成膜物的不同，可分为以下两类。

1）溶剂型仿瓷涂料

溶剂型仿瓷涂料的主要成膜物是溶剂型树脂，包括氨酯树脂、丙烯酸聚氨酯树脂、有机硅改性丙烯酸树脂等，并加以颜料、溶剂、助剂而配制成具有多种颜色且带有瓷釉光泽的涂料。其涂膜光亮、坚硬、丰满，酷似瓷釉，具有优异的耐水性、耐碱性、耐磨性、耐老化性，且附着力强。

2）水溶性仿瓷涂料

水溶性仿瓷涂料的主要成膜物为水溶性聚乙烯醇，加入增稠剂、保

图1-56 仿瓷涂料

图1-57 仿瓷涂料腻子

湿助剂、细填料、增硬剂等配制而成的。其饰面外观较类似瓷釉，用手触摸有平滑感，多以白色涂料为主。因采用刮涂方式施工，涂膜坚硬、致密，与基层有一定粘结力，一般情况下不会起鼓、起泡，如果在其上再涂饰适当的罩光剂，则耐污染性及其他性能都有提高。但是涂膜较厚，不耐水，安全性能较差，施工较复杂，属于限制使用的产品。

仿瓷涂料不但在家居装修中运用，而且在工艺品中也可以起到很好的效果，其喷涂效果可以到达逼真的程度（图1-58）。仿瓷涂料常用包装为5~25kg/桶，其中15kg包装的产品价格为60~80元/桶。仿瓷涂料施工时需严格按施工顺序操作，不能与其他涂料混用。施工过程中必须防水、防潮、通风、防火。

2. 发光涂料

发光涂料又被称为夜光涂料，是具有荧光特性的涂料，能起到夜间指示作用，主要原料为成膜物质、填充剂、荧光颜料等（见图1-59）。发光涂料一般分为蓄光性发光涂料与自发性发光涂料两种。

1）蓄发性发光涂料

蓄发性发光涂料是由成膜物质、填充剂、荧光颜料等材料组成，之所以能发光是因为其中含有荧光颜料。当荧光颜料（主要是硫化锌等无机氧料）的分子受光照射后被激发、释放能量，夜间或白昼都能发光，明显可见。

2）自发性发光涂料

自发性发光涂料除了蓄发性发光涂料的组成外，还加有少量放射性

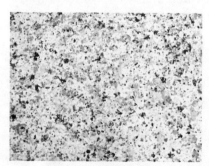

图1-58　仿瓷涂料效果

图1-59　发光涂料

元素。当荧光颜料的蓄光消失后，因放射物质放出射线，涂料会继续发光。这类涂料对人体有害。

发光涂料具有耐候性、耐光性、耐温性、耐化学稳定性、耐久性、附着力强等优良的物化性能，可用于各种基材表面涂装。发光亮度分为高、中、低3种，发光颜色为黄绿、蓝绿、鲜红、橙红、黄、蓝、绿、紫等。

发光涂料一般用于面积较大的门厅、客厅、走道等采光较弱的空间（图1-60）。发光涂料常用包装为0.1～1kg/罐，其中1kg包装的产品价格为80～120元/罐。

发光涂料在使用前必须充分搅匀，被涂基材应先涂白色底漆，再涂发光涂料，若在发光层上再涂1层透明涂料，可提高表层的光泽度、强度及耐候性。发光涂料可以以刷涂、滚涂、喷涂、刮涂、淋幕喷涂等方式进行施工。当发光涂层达到一定厚度时，才能获得较为理想的发光亮度，因此发光涂层的厚度最少应＞1mm。

3. 绒面涂料

绒面涂料又被称为仿绒涂料，是采用丁苯乳液、方解石粉、轻质碳酸钙粉及添加剂等混合搅拌而成，根据实际经济水平与设计要求不同而选用不同配方的产品，绒面涂料具有耐水洗、耐酸碱、施工方便、装饰效果好等特点（图1-61）。

绒面涂料是一种低成本、无污染的新型装饰材料，是由独特的着色粒子与高分子合成乳液通过特殊加工工艺合成。涂装后，涂层呈均匀凸

图1-60　发光涂料效果

图1-61　绒面涂料

凹状仿鹿皮绒毛的外观，给人以柔和滑润、华贵优雅之感。由于采用多种着色粒子，涂料具有以往一般涂料无法显现的色彩。水性绒面涂料无毒、无味、无污染，具优良的耐水性、耐酸碱性。

绒面涂料可广泛应用于室内墙面、顶面、家具表面的涂装，能用于木材、混凝土、石膏板、石材、墙纸、灰泥墙壁等不同材质表面施工（图1-62）。绒面涂料常用包装为1~2.5kg/桶，其中1kg包装的产品价格为60~100元/桶，可涂装3~4m²。

绒面涂料的施工方式与乳胶漆类似。首先，施工前要将基层表面油污、灰尘清除干净，对不平整处与缝隙处要采用成品腻子刮平，并将表面用360号砂纸磨光，干燥后才能进行绒面涂料施工。然后，刷、滚涂1遍乳胶漆后，应采用360号砂纸打磨平整。将绒面涂料用干净的竹、木棒搅拌均匀，可加少量清水稀释，但加水量应≤5%。接着，将绒面涂料倒入喷枪容器，由左向右，从上往下进行喷涂，喷嘴距墙面300~400mm。距离太近涂料会飞溅出来，既影响质量，又浪费材料。距离太远不易显示绒感，涂料浪费也大。每遍喷涂不宜太多，只能轻飘喷涂，否则易失去绒感。每喷涂1遍待干燥后，再喷第2遍，不能接连不断地喷涂。每次喷涂的间隔时间视气候而定，一般为1~3h。一般喷涂3~4遍后即显示出较强的绒感。最后，当喷涂层出现小疙瘩时，待其干燥后用360号砂纸将小疙瘩磨光。

绒面涂料取料后，应将桶盖盖好，以免桶中的涂料表面结皮，还应避免在雨天或低温（<3℃）环境下施工。喷涂时以2~3人一组为好，操作工人太多既影响工效，又影响涂料的均匀性与绒感。

4. 肌理涂料

肌理涂料又被称为肌理漆、马来漆、艺术涂料，肌理是指物体表面的组织纹理结构，即各种纵横交错、高低不平、粗糙平滑的纹理变化，呈现物象质感，塑造并渲染形态的重要视觉要素，其装饰效果源于油画肌理（图1-63~图1-65）。

肌理涂料是一种全新概念的内墙装饰材料，主要原料为丙烯酸聚合物、精细填料、防腐剂及其他添加剂。肌理涂料是在普通的乳胶漆墙面上生成装饰涂层，花纹可细分为冰菱纹、水波纹、石纹等各种效果，花

图1-62 绒面涂料效果

图1-63 肌理涂料

图1-64 肌理涂料效果（一）

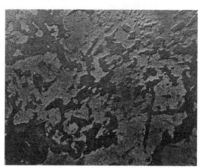

图1-65 肌理涂料效果（二）

纹清晰，纹路感鲜明，在此基础上又有轻微的凸凹感。肌理涂料造型柔和，立体效果明显，又有很好的吸声功能，配合不同的罩面漆具有丰富的表现力，其柔滑光泽的饰面具有高雅、薄雾般的效果。

　　肌理涂料用于家居装修中，所形成的视觉肌理与触觉肌理效果独特，可逼真表现布格、皮革、纤维、陶瓷砖面、木质表面、金属表面等装饰材料的肌理效果，主要用于电视背景墙、沙发背景墙、床头背景墙、餐厅背景墙、门厅背景墙、吊顶与灯槽内部顶面，适用于高档住宅装修。

　　肌理涂料常用包装规格为5~20kg/桶，其中5kg产品包装价格为100~150元/桶，可涂装20~25m^2，高档产品成组包装，附带有光泽剂、压花滚筒、模板等工具。肌理涂料的施工方法与乳胶漆类似，待低漆涂装完毕后，及完全干燥之前，用压花滚筒、模板在涂装界面上压印纹理，待完全干燥后涂刷1层光泽剂即可。肌理涂料一般只针对某一面主题背景墙进行涂装，避免大面使用，因其对墙面基层的处理要求很高，防止起泡、脱落。

5. 裂纹漆

裂纹漆是由硝化棉、颜料、体质颜料、有机溶剂、辅助剂等材料经研磨调制而成的可形成各种颜色的油漆产品，它是在硝基漆的基础上发展而来的新产品，又被称为硝基裂纹漆（图1-66）。

裂纹漆具有硝基漆的基本特性，属挥发性自干油漆，无须加入固化剂，干燥速度快。裂纹漆粉性含量高，溶剂的挥发性大，收缩性大，柔韧性小，喷涂后内部应力能产生较高的拉扯强度，形成良好、均匀的裂纹图案，增强涂层表面的美观，提高装饰性（图1-67）。

在家居装修中，裂纹漆可用于家具、构造局部涂装，或用于各种背景墙局部涂装。裂纹漆包装规格为5kg/组，其中包括底漆、裂纹面漆等组合产品，价格为200~300元/组。另有底漆与裂纹面漆分开包装的产品单独销售。

裂纹漆为多组分产品，施工时先涂底漆，待干燥后再涂裂纹面漆，高档产品配有固化剂、罩面漆等。施工黏度可用适量同厂生产的配套裂纹水来调节，以便施工。将调节好的裂纹漆充分搅匀，过滤后即可施工。基础界面的施工方法与普通硝基漆一致，只是一般以喷涂施工效果最佳，裂纹纹理圆润自然、均匀立体。如果采用刷涂施工，则裂纹会受刷漆时的手势、方向不均匀而产生裂纹纹理不均匀的效果。喷涂后约

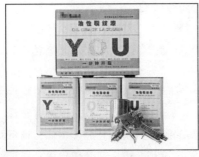

图1-66 裂纹漆

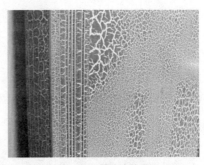

图1-67 裂纹漆效果

50min即可自行产生裂纹效果，在裂纹下面能露出底漆的颜色。如果裂纹漆与底漆配合得协调，则可以得到很好的花纹、色彩。喷涂裂纹面漆时，须在底漆干燥后施工（25℃，6h以上），否则会影响裂纹。最后，再用半亚光、亚光漆或双组分PU光油在裂纹漆表面罩面。

6. 硅藻涂料

硅藻涂料是以硅藻泥为主要原材料，添加多种助剂的粉末装饰涂料。硅藻是生活在数百万年前的一种单细胞的水生浮游类生物，沉积水底后经过亿万年的积累与地质变迁成为硅藻泥。硅藻泥是一种天然环保的内墙装饰材料，可以用来替代壁纸或乳胶漆（图1-68~图1-70）。

硅藻涂料本身无任何的污染，不含任何有害物质及有害添加剂，为纯绿色环保产品。硅藻涂料具备独特的吸附性能，可以有效去除空气中的游离甲醛、苯、氨等有害物质，以及因宠物、吸烟、垃圾所产生的异味，可以净化室内空气。硅藻涂料由无机材料组成，因此不燃烧，即使发生火灾，也不会冒出任何对人体有害的烟雾。当温度上升至1300℃时，硅藻泥只是出现熔融状态，不产生有害气体等烟雾。硅藻涂料具有很强的降低噪声功能，其功效相当于同等厚度的水泥砂浆的2倍以上，不易产生静电，墙面表面不易落尘。

图1-68 硅藻涂料

图1-69 硅藻涂料调和

图1-70 硅藻涂料效果（一）

在现代家居装修中，硅藻涂料适用于各种背景墙，卧室、书房、儿童房等空间的墙面涂装，具有良好的装饰效果，适用于别墅、复式住宅装修（图1-71、图1-72）。硅藻涂料为粉末装饰涂料，在施工中加水调和使用。硅藻涂料主要有桶装与袋装两种包装，桶装规格为5～18kg/桶，5kg包装的产品价格为100～150元/桶。袋装价格较低，袋装规格一般为20kg/袋，价格为200～300元/袋，用量一般为1kg/m^2。

选购硅藻涂料要注意识别质量。首先，应选择知名品牌产品，选择有独立门店，且在当地口碑较好的品牌。然后，优质硅藻涂料粉末不吸水，用手拿捏为特别干燥的感觉。接着，如果条件允许，可以取适量硅藻涂料粉末放入水中，如果硅藻能够还原成泥状，则为真硅藻泥，反之为假冒产品。最后，由于硅藻涂料具有吸附性，可以在干燥的600ml纯净水塑料瓶内放置约50%容量的硅藻涂料粉末，将香烟烟雾吹入其中而后封闭瓶盖，不断摇晃瓶身，约10min后打开瓶盖仔细闻一下，正宗产品应该基本没有烟味。

硅藻涂料在施工时要注意方法，涂装基层界面的处理方法与乳胶漆相似，对于空鼓或出现裂纹的基底须预先处理，清洁后对基底涂刷2遍腻子。施工过程中避免强风直吹及阳光直接暴晒，以自然干燥为宜。首先，按包装说明书在搅拌容器中加入一定比例清水，然后倒入硅藻涂料干粉，浸泡5min后用电动搅拌机搅拌约10min，搅拌时可加入约10%的清水调节黏稠度，使其成为泥性涂料，只有充分搅拌均匀后方可使用。

图1-71　硅藻涂料效果（二）

图1-72　硅藻涂料效果（三）

★装修顾问★

硅藻涂料墙面清洁方法

硅藻涂料墙面具有一定的凸凹感，在施工与使用中难免会受到污染，一般污迹可以用软橡皮、硬橡皮或细砂纸等简单工具清洁，即可不留任何痕迹。

墙壁灰尘一般是由于空气过分干燥，浮尘携带静电吸附所引起的。因硅藻泥对空气湿度具有良好的调节平衡作用，壁材表面是亲水的，可以有效减少静电现象，所以与其他材质饰面相比较，硅藻泥墙面壁更加不容易挂尘、具有一定自清洁功能。可以使用毛掸轻掸或用干净的抹布轻轻擦除，也可以使用吸尘器吸除。

对于有色液体的污染，在污点没有渗透扩散之前应及时擦拭，浅浅的痕渍可以用沾有含氯漂白剂的干净抹布擦除即可。如果已经渗透扩散而且污渍较大，则需要在其彻底干透后局部刷水性底油，再调和新的硅藻涂料遮盖。

然后，滚涂搅拌好的硅藻涂料2遍，第1遍厚度为1mm左右，完成后待干，约1h左右，以表面不粘手为宜，滚涂第2遍，厚度为1.5mm。总厚度为2~3mm。接着，采用刮板、滚筒、模板等工具制作肌理图案，这要根据实际环境与干燥情况来掌握施工时间。最后，用收光抹子沿图案纹路压实收光，也可以根据需要涂刷1层固化漆。硅藻涂料的物理性状、颜色存在一定差别属于正常现象，不影响产品质量，但是不宜在5℃以下环境施工。硅藻涂料切勿食用，避免进入眼睛，与儿童保持安全存放距离，使用时加强劳动保护。

7. 真石漆

真石漆又被称为石质漆，主要由高分子聚合物、天然彩色砂石及相关助剂制成，干结固化后坚硬如石，看起来像天然花岗岩、大理石一样（图1-73、图1-74）。

真石漆具有防火、防水、耐酸碱、耐污染，以及无毒、无味、粘结力强、永不褪色等特点，能有效地阻止外界环境对墙面的侵蚀，由于真石漆具备良好的附着力和耐冻融性能，因此特别适合在寒冷地区使用。真石漆具有施工简便、易干省时、施工方便等优点，石漆具有天然真实的自然色泽，给人以高雅、和谐、庄重之美感，可以获得生动逼真，回归自然的效果（图1-75、图1-76）。

真石漆涂层主要由抗碱封底漆、真石漆、罩面漆3部分组成。

1）抗碱封底漆

抗碱封底漆对不同类型的基层分为油性与水性，封底漆的作用是在溶剂（或水）挥发后，其中的聚合物及颜填料会渗入基层的孔隙中，从而阻塞了基层表面的毛细孔，这样基层表面就具有了较好的防水性能，可以消除基层因水分迁移而引起的泛碱、发花等，同时也增加了真石漆主层与基层的附着力，避免了剥落、松脱现象。

2）真石漆

真石漆是由骨料、胶粘剂、各种助剂和溶剂组成。骨料是天然石材经过粉碎、清洗、筛选等多道工序加工而成，具有很好的耐候性。一般为非人工烧结彩砂、天然石粉、白色石英砂等，相互搭配可调整颜色深

图1-73　真石漆

图1-74　彩色石砂

图1-75　真石漆样本

图1-76　真石漆效果

浅，使涂层的色调富有层次感，能获得类似天然石材的质感，同时也降低了生产成本。胶粘剂直接影响着真石漆膜的硬度、粘结强度、耐水、耐候等多方面性能，胶粘剂为无色透明状，在紫外线照射下不易发黄、粉化。

3）罩面漆

罩面漆主要是为了增强真石漆涂层的防水性、耐污性、耐紫外线照射等性能，也便于日后清洗。罩面漆主要为油性双组分氟碳透明罩面漆与水性单组分硅丙罩面漆。

在现代家居装修中，真石漆主要用于室内各种背景墙涂装，或用于户外庭院空间墙面、构造表面涂装。真石漆常见桶装规格为5～18kg/桶，其中25kg包装的产品价格为100～150元/桶，可涂装15～20m²。

真石漆采用喷涂工艺施工，首先，在清理平整的涂装界面上喷涂抗碱封底漆，施工时温度应≥10℃，喷涂2遍，每遍间隔2h，厚度约0.5mm，常温干燥12h。然后，喷涂真石漆，采用真石漆专用喷枪，喷涂厚度为2～3mm，如需涂抹2～3遍，则间隔2h，干燥24h后可打磨（图1-77）。接着，采用360号砂纸打磨，轻轻抹平表面凸起的砂粒即可，用力不可太大，避免破坏漆膜而引起松动，严重时会造成脱落（图1-78）。最后，喷涂罩面漆，喷涂2遍，每遍间隔2h，厚度约0.5mm，完全干燥需7d。

真石漆适用于混凝土或水泥内外墙及砖墙体，施工基层应平整、干净，并具有较好的强度，新墙体则应实干1个月后才能施工，旧墙翻新

图1-77 真石漆喷涂

图1-78 真石漆打磨

先要整平基层，除去松脱，剥落表层及粉尘油垢等杂质后才能施工。真石漆应存放于5～40℃的阴凉干燥处，严防暴晒或霜冻，在常温下，未开封的真石漆可以保存12个月。

四、特种涂料

特种涂料是用于特殊场合、满足特殊功能的涂料，主要对涂装界面起到保护、封闭的作用，是现代家居装修必不可少的材料。

1. 防水涂料

防水涂料是指涂刷在装修构造或住宅建筑表面，经化学反应形成一层薄膜，使被涂装表面与水隔绝，从而起到防水、密封的作用，其涂刷的黏稠液体统称为防水涂料。防水涂料经固化后形成的防水薄膜具有一定的延伸性、弹塑性、抗裂性、抗渗性及耐候性，能起到防水、防渗、保护作用。

防水涂料在常温下呈黏稠状液体，经涂布固化后，能形成无接缝的防水涂膜，特别适宜在立面、阴阳角、穿结构层管道、凸起物、狭窄场所等细部构造处进行防水施工，能在这些复杂部件表面形成完整的防水

膜。防水涂料施工属冷作业，操作简便，劳动强度低。根据涂料的液态
类型，可把防水涂料分为溶剂型、水乳型、反应型3种。

1）溶剂型防水涂料

溶剂型防水涂料的主要成膜物质是高分子材料，将涂料溶解于有机
溶剂中成为涂料溶液（图1-79）。涂料通过溶剂挥发，经过高分子物质
分子链接触、搭接等过程而结膜。涂料干燥快，结膜较薄且致密，生产
工艺简易，稳定性较好，但是易燃、易爆、有毒。

2）水乳型防水涂料

水乳型防水涂料的主要成膜物质是高分子材料，其中的微小颗粒能
稳定地悬浮在水中。涂料通过水分蒸发，经过固体微粒接近、接触、变
形等过程而结膜（图1-80）。涂料干燥较慢，一次成膜的致密性较溶剂
型涂料低，一般不宜在5℃以下施工，可在稍为潮湿的基层上施工，无
毒、不燃，生产、贮运、使用比较安全，操作简便，不污染环境。

3）反应型防水涂料

反应型防水涂料的主要成膜
物质是高分子材料，以液态形状
存在。涂料通过液态的高分子预
聚物与相应物质发生化学反应，
变成结膜，无收缩，涂膜致密，
价格较贵（图1-81）。

目前在家居装修中，使用较

图1-79 溶剂型防水涂料

图1-80 水乳型防水涂料

图1-81 反应型防水涂料

多且质量稳定的防水涂料为硅橡胶防水涂料，它是以硅橡胶乳液和其他高分子聚合物乳液的复合物为主要原料，掺入适量的化学助剂与填充剂等，均匀混合配制而成的水乳型防水涂料。它具有较好的渗透性、成膜性、耐水性、弹性、粘结性、耐高低温等性能，并可在干燥或潮湿而无明水的基层进行施工作业。该涂料以水为分散介质，在生产与施工时无刺激性异味、无毒，不污染环境，安全可靠。可在常温条件进行涂布施工，并容易形成连续、弹性、无缝、整体的涂膜防水层。涂膜的拉伸强度较高、断裂延伸率较大，对基层伸缩或开裂变形的适应性较强，且耐候性好，使用寿命较长。硅橡胶防水涂料的主要缺点是固体成分比反应固化型涂料低，若要达到与其相同的涂膜厚度时，不但涂刷施工的遍数多，而且单位面积的涂料用量多，施工成本较高。

硅橡胶防水涂料主要用于厨房、卫生间、阳台、露台、水池等室内外空间界面防水。常见包装规格为1~5kg/桶，其中5kg包装的产品价格为150~200元/桶，可涂刷约12~15m^2。防水涂料建议购买知名品牌的产品，由于用量不多，可到大型建材超市或专卖店进行购买。

在防水施工前要将涂刷基层处理平整、干净，保证无灰尘、油腻、蜡、脱模剂等，以及无其他碎屑物质。如果基层有孔隙、裂缝、不平等缺陷，须用水泥砂浆修补抹平，伸缩缝与节点应粘贴防裂纤维网，阴阳角处应抹成圆弧形。确保基层充分湿润，但无明水，新浇注的混凝土面在施工前应确定其完全干固。

施工时，首先，将防水涂料倒入容器中，根据使用说明加入配套粉料或水泥粉，同时充分搅拌5min至均匀浆料状（图1-82）。然后，将基层界面洒水润湿，开始涂刷防水涂料，用毛刷或滚刷直接涂刷在基面上，力度使用均匀，不可漏刷，一般需涂刷2遍，每次涂刷厚度为1~2mm。第1遍干固后再进行第2遍涂刷，一般间隔24h，前后垂直十字交叉涂刷，涂刷总厚度一般为3~4mm（图1-83）。接

图1-82 防水涂料调和

图1-83　涂装完毕

图1-84　闭水检验

着，进行养护，施工24h后用湿布覆盖涂层或喷雾洒水对涂层进行养护。施工后待完全干固前应禁止踩踏、雨水、暴晒、尖锐损伤等。最后，进行闭水试验（图1-84），卫生间、水池等部位在防水层干固48h后，储满水48h，检查防水施工是否合格，轻质墙体须做淋水试验。

2. 防火涂料

防火涂料是由基料（成膜物质）、颜料、普通涂料助剂、防火助剂、分散介质等原料组成（图1-85）。除防火助剂外，其他涂料组分在涂料中的作用和在普通涂料中的作用一样，但是在性能与用量上有些具有特殊要求。

防火涂料是用于可燃性装饰材料、构造表面，能降低被涂界面的可燃性、阻滞火灾的迅速蔓延，用以提高被涂材料耐火极限的特种涂料。防火涂料除了一般涂料所具有的防锈、防水、防腐、耐磨以及涂层坚韧性、着色性、黏附性、易干性和一定的光泽以外，其自身应是不燃或难燃的，不起助燃作用。

燃烧是一种有火焰发生的快速剧烈的氧化反应，反应非常复杂，燃烧的产生与进行必须同时具备可燃物质、助燃剂（如空气、氧气或氧化剂）、火源（如高温或火焰）这3个条件。为了阻止燃烧的进行，只要切断燃烧过程中的3个条件中的任何一个即可，如降低温度、隔绝空气或可燃物。防火涂料的防火原理是涂膜层能使底材与火隔离，从而延长了热侵入装饰材料的时间，即延迟、抑制火焰的蔓延。

图1-85　防火涂料

图1-86　防火涂料涂刷龙骨

防火涂料按照涂料的性能可以分为非膨胀型防火涂料与膨胀型防火涂料两大类。非膨胀型防火涂料主要用于木材、纤维板等板材质的防火，用在木结构屋架、顶棚、门窗等表面（图1-86）。膨胀型防火涂料主要用于保护电缆、聚乙烯管道、绝缘板，可用于建筑物、电力、电缆的防火。

防火涂料主要用于木质吊顶、隔墙、构造等基层材料的界面涂刷，如木质龙骨、板材表面。防火涂料常见包装规格为5～20kg/桶，其中20kg包装的产品价格为200～300元/桶，其用量为1m²/kg。防火涂料建议购买知名品牌产品，由于用量不多，可以到大型建材超市或专卖店进行购买。

防火涂料施工方法简单，施工温度一般为5℃以上。施工前将基材表面上的尘土、油污除去干净。涂料必须充分搅拌均匀方才能使用。如若涂料黏度太大，可加少量的清水稀释。刷涂、滚涂均可，一般3～4遍即可。对木质龙骨、板材进行涂刷时，可在构造安装前涂刷2遍，构造成型后再涂刷1～2遍。

3. 防霉涂料

防霉涂料是含有生物毒性的药物，能抑制霉菌生长发展的一种防护涂料，一般是由防霉剂、颜色填料、分散剂、成膜助剂、增稠剂、消泡剂、中和剂等原料组成。其中，防霉剂是防霉涂料的关键，防霉剂对霉菌、细菌、酵母菌等微生物有广泛、持久、高效的杀菌与抑制能力（图1-87、图1-88）。

图1-87 防霉涂料（一）

图1-88 防霉涂料（二）

防霉涂料具有较强的杀菌防霉作用，而且具有较强的防水性，涂覆表面后，无论潮湿还是干燥，涂膜都不会发生脱落现象。防霉涂料用于适宜霉菌滋长的环境中，且能较长时间保持涂膜表面不长霉，具备耐水、耐候性能。现代防霉涂料具有装饰与防霉作用的双重效果，它与普通装饰涂料的根本区别在于不仅防霉剂具备防霉功能，而且颜色填料与各种助剂也对霉菌具有抑制功效。防霉涂料一般是在普通涂料中添加具备抑制霉菌生长的添加材料，且基料固化后漆膜完全致密，不吸附空气中水分与营养物，表面干燥迅速，因此表面能起到良好的防霉抑菌效果。

在家居装修中，防霉涂料主要用于通风、采光不佳的卫生间、厨房、地下室等空间的潮湿界面涂装，用于木质材料、水泥墙壁等各种界面的防霉。防霉涂料常见包装规格为5～20L/桶，其中20L包装的产品价格为200～300元/桶，其用量与施工方法普通乳胶漆一致，只是注意应在干燥的环境下施工。防霉涂料用量不多，建议到大型建材超市或专卖店购买知名品牌产品。

4. 防锈涂料

防锈涂料是指保护金属表面免受大气、水等的物质腐蚀的涂料。在金属表面涂上防锈涂料，能够有效地避免大气中各种腐蚀性物质的直接入侵，使得最大化地延长金属使用期限（图1-89）。

防锈涂料可分为物理防锈涂料与化学防锈涂料两大类。前者靠颜料与漆料的适当配合，形成致密的漆膜以阻止腐蚀性物质的侵入，如铁红、铝粉、石墨防锈漆等。后者靠防锈颜料的化学作用来防锈，如红

图1-89　防锈涂料

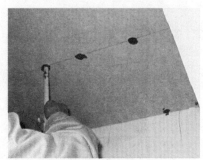

图1-90　防锈涂料涂装

图1-91　防锈涂料涂装

丹、锌黄防锈漆等。

防锈涂料主要用于金属材料的底层涂装，如各种型钢、钢结构楼梯、隔墙、楼板等构件，涂装后表面可再作其他装饰（图1-90、图1-91）。传统防锈涂料为醇酸漆，价格低廉，常用包装为0.5～10kg/桶，其中3kg包装产品价格为50～60元/桶，需要额外购置稀释剂调和使用。现代厚防锈涂料多用套装产品，1组包装内括漆2kg、固化剂1kg、稀释剂2kg等3种包装，价格为200～300元/组，每组可涂刷12～20m²。防锈涂料的选购、施工方法与厚漆基本一致。

5. 防雾涂料

防雾涂料是一种防止水珠在物体表面凝结的涂料（图1-92、图1-93）。

雾气产生的原因是热的空气碰到冷的物体并在其表面冷凝成小水珠，光照在这些小水珠表面产生漫反射，给人的感觉就是雾。要防雾就要阻止小水珠的形成，防雾涂料由于其表面具备超亲水特性，增大了水的表面张力，水在其表面无法形成水珠，而是一层水膜，从而从根本上阻止了雾气的形成。由于物体有透明与非透明两类，防雾涂料也分为透明防雾涂料与非透明防雾涂料两类。

图1-92 防雾涂料（一）

图1-93 防雾涂料（二）

1）透明防雾涂料

透明防雾涂料又被称为结露涂料或防模糊涂料，常由亲水高分子、交联剂、表面活性剂组成，其中主体是亲水高分子，由它吸收湿气。为了增强树脂的耐水性与抗摩擦性，引入交联剂。而加入表面活性剂是为了改善表面润湿性，提高防雾性。

2）非透明防雾涂料

非透明防雾涂料主要分为乳胶型（由乳胶液、分散剂、防霉剂、硅藻土、蛭石等制成）、溶剂型（由醇酸树脂、溶剂、防霉剂、硅藻土、蛭虫制成）、双组分聚氨酯发泡涂料。成膜后都是多孔涂层，有良好的透气性，防结露性能优良，适用于暂时性湿度较大的材料表面，如钢筋混凝土、水泥、木材、塑料等。

在家居装修中，防雾涂料主要用于玻璃、金属材料的表面涂装，防止水雾长时间停留在材料表面，如各种型钢、钢结构楼梯、隔墙、楼板等构件。涂装后表面再作其他装饰。防雾涂料常用包装有每罐1L、5L等，透明材料防雾涂料也有自动气雾瓶装，为250mL/罐与450mL/罐。其中450mL包装产品价格为20～30元/罐。防雾涂料施工方法简单，将被施工面清洗干净，待表面干燥后直接喷涂施工，常温急速快干，操作方便。

6. 地坪涂料

地坪涂料是用于混凝土、水泥砂浆地面涂装的特殊涂料，主要起到保护地面坚固、耐久，防止地面粉化的作用，具有一定的防潮、防水、

图1-94　地坪涂料

图1-95　地坪涂料涂装

隔声功能（图1-94）。地坪涂料的主要成膜物质为油脂或树脂，次要成膜物质为各种颜料、挥发性溶剂，具有较好的耐碱性、耐水性、耐候性，能常温成膜。

按照地坪涂料的主要成膜物质来分，地坪涂料产品主要分为环氧树脂地坪涂料、聚氨酯树脂地坪涂料、不饱和聚酯树脂地坪涂料等多种。其中使用率较高的是环氧树脂地坪涂料，主要用于装修前的地面涂装，涂装后可在表面作各种施工，如铺装地砖、铺设地板等（图1-95）。

地坪涂料常用包装为5～20kg/桶，使用时还需另购5kg包装的固化剂调和使用，其中20kg＋5kg包装产品价格为500～600元/套，可涂刷80～100m^{2}的地面。

环氧树脂地坪涂料在施工时应注意，当环境温度在5℃以下时基本不固化，10℃以下时固化缓慢，因此应在15℃以上施工。低温时涂料黏度高，也不易施工。高温时涂料反应快，应特别避免在低温高湿环境下施工，一般可通时调整固化剂来适应不同的施工条件。将环氧树脂地坪涂料配好后，可以采取滚涂的方式进行施工，涂料能充分润湿混凝土并渗入到混凝土内层。施工完成后48h后才能上人使用。

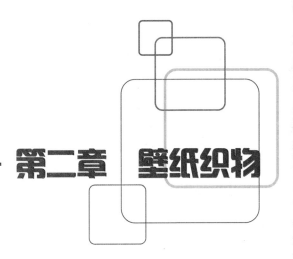

第二章　壁纸织物

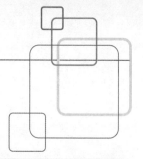

第二章 壁纸织物

壁纸织物是家居装修后期的重要材料，除各种油漆涂料外，壁纸织物最能体现装修的质感、档次，由于很多装修业主都能自己动手铺装，因此成为材料选购的重点。壁纸织物的生产原料多样，质地丰富，价格差距很大，选购壁纸织物时，不仅要根据审美喜好选择花纹色彩，还要注意识别质量，注重施工工艺。

一、壁纸

壁纸又被称为墙纸，是裱糊室内墙面的装饰性纸张或布，也可以认为是墙壁装修的特种纸材。现代壁纸的主要原料是选用树皮、化工合成的纸浆，经漂白后制作成原纸，再经不同工序深加工，如涂布、印刷、压纹或表面覆塑，最后经裁切、包装成品。壁纸属于绿色环保材料，不散发有害人体健康的物质。壁纸应用发源于欧洲，现今在北欧，以及日本、韩国等国家非常普及。

1. 壁纸特性

壁纸品种齐全，花色繁多，具有很强的装饰效果。壁纸的选择余地较大，装饰后效果富丽多彩，能使家居更加温馨、和谐（图2-1、图2-2）。壁纸应用范围较广，铺装基层材料可以为水泥、木材、乳胶漆

图2-1 壁纸铺装（一）

图2-2 壁纸铺装（二）

图2-3 壁纸样本

图2-4 壁纸

等各种材质，易于与家居装修风格保持一致。壁纸维护、保养方便，中高档壁纸具有防静电、不吸尘等优点，局部污染可用清水加少量洗涤剂清洗，易于清洁，并具有较好的更新性能。壁纸具有一定的吸声、隔热、防霉、防菌功能，有较好的抗老化、防虫功能。

壁纸具有很强的装饰效果，不同款式的壁纸相互搭配能营造出不同个性的空间。无论是简约风格、田园风格，还是古典风格、现代风格，壁纸都能塑造出强烈的空间氛围，这是乳胶漆或其他材料所无法比拟的（图2-3、图2-4）。

壁纸的铺装时间短，可以大大缩短工期，还具有防裂功能，铺装后能有效防止石膏板接缝、墙角缝开裂。此外，壁纸的日常使用与保养非常方便，可洗可擦。常用的塑料壁纸价格为30～150元/卷，每卷可铺装5m²左右，中高端产品中的价格还包含辅助材料与安装费用。

但是，壁纸的造价要比乳胶漆贵，施工水平与质量不容易控制，档次较低的产品环保性差，仍对家居环境产生污染。印刷工艺不高的壁纸时间长了会有褪色现象，尤其常受日光照射的部位特别明显，颜色较深的壁纸接缝处明显。

2. 壁纸种类

壁纸种类特别丰富，以纸张为基材可以作出任何变化，这也是其他装饰材料所无法达到的。现代壁纸主要分为以下几种。

1）纸面壁纸

纸面壁纸是一种传统壁纸，直接在纸张表面上印制图案或压花，基层材料透气性好，能使墙体中的水分向外散发，不致引起变色、鼓泡等现象。如果在特殊耐热的纸张上直接压印花纹，壁纸能呈现出亚光、自然、舒适的质感（图2-5、图2-6）。

纸面壁纸价格便宜、环保、亲切，缺点是性能较差、不耐水、不易于清洗、容易破裂。纸面壁纸不宜用在潮湿的卫生间、厨房等处铺设。

2）塑料壁纸

塑料壁纸是目前生产最多、销售最大的壁纸，它以优质木浆纸为基层，以聚氯乙烯（PVC）塑料为面层，经过印刷、压花、发泡等工序加工而成（图2-7、图2-8）。塑料壁纸的底纸，要求能耐热、不卷曲，有一定强度，一般为80～150g/m²的纸张。

塑料壁纸品种繁多，色泽丰富，图案变化多端，有仿木纹、石纹、锦缎纹、瓷砖纹、黏土砖纹等多种，在视觉上可以达到以假乱真的效果。塑料壁纸的种类主要分为普通壁纸、发泡壁纸、特种壁纸等3种。普通壁纸是以80～100g/m²的纸张作基材，涂有100g/m²左右的PVC塑料，经印花、压花而成，这种壁纸适用面广，价格低廉，是目前

图2-5　纸面壁纸（一）

图2-6　纸面壁纸（二）

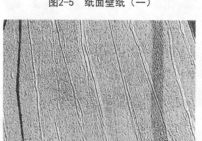

图2-7　塑料壁纸（一）

图2-8　塑料壁纸（二）

最常用的壁纸产品。发泡壁纸是以100～150g/m²的纸张作基材，涂有300～400g/m²掺有发泡剂的PVC糊状树脂，经印花后再加热发泡而成，是一种具有装饰与吸声功能的壁纸，图案逼真，立体感强，装饰效果好。特种壁纸则包括耐水壁纸、阻燃壁纸、彩砂壁纸等多个品种。

塑料壁纸具有一定的伸缩性、韧性、耐磨性与耐酸碱性，抗拉强度高，耐潮湿，吸声隔热，美观大方。

3）纺织壁纸

纺织壁纸是壁纸中的高级的产品，主要是用丝、羊毛、棉、麻等纤维织成，质地柔和、透气性好（图2-9、图2-10）。

纺织壁纸又分为锦缎壁纸、棉纺壁纸、化纤壁纸等3种。锦缎壁纸又被称为锦缎墙布，缎面织有古雅精致的花纹，色泽绚丽多彩，质地柔软，铺装的技术性与工艺性要求很高，且价格较高。棉纺壁纸是将纯棉平布处理后，经印花、涂层制作而成，具有强度高、静电小、蠕变性小、无光、无味、吸声、花型繁多、色泽美观等特点，适用于抹灰墙面、混凝土墙面、石膏板墙面、木板墙面等多种基层铺装。化纤壁纸是以涤纶、腈纶、丙纶等化纤布为基材，经印花而成，其特点是无味、透气、防潮、耐磨、耐晒、不分层、强度高、不褪色、质感柔和，适于各种基层铺装。

由于纺织壁纸是一种新型、豪华的装饰材料，因其价格不同而具有不同的规格、材质。纺织壁纸与其他壁纸之间的区别，主要是通过目测背衬材料的质地与厚度进行识别。另外，还应注意有无出现抽丝、跳丝现象。

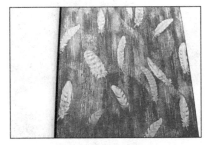

图2-9 纺织壁纸（一）

图2-10 纺织壁纸（二）

4）天然壁纸

天然壁纸是一种用草、麻、木材、树叶等自然植物制成的壁纸，也有用珍贵树种、木材切成薄片制成。天然壁纸风格古朴自然，素雅大方，生活气息浓厚，给人以返朴归真的感受（图2-11、图2-12）。

天然壁纸透气性能较好，能将墙体与施工过程中的水分自然地排到外部干燥，且不会留下任何痕迹，因此不容易卷边，也不会因为天气潮湿而发霉。天然壁纸所使用的染料一般是从鲜花与亚麻中提取，不容易褪色，色泽自然典雅，无反光感，具有较好的装饰效果。更换壁纸时无需将原有壁纸铲除（凹凸纹除外），可直接铺装在原有壁纸表面，省钱省力，并能得到双重墙面保护的效果。

5）静电植绒壁纸

静电植绒壁纸是指采用静电植绒法将合成纤维短绒植于纸基上的新型壁纸。常用于点缀性极强的局部装饰（图2-13、图2-14）。

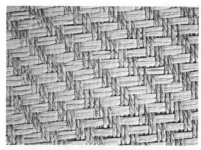
图2-11　天然壁纸（一）

图2-12　天然壁纸（二）

图2-13　静电植绒壁纸（一）

图2-14　静电植绒壁纸（二）

静电植绒壁纸有丝绒的质感与手感，不反光，具有一定的吸声效果，无气味，不褪色，具有植绒布的美感、消音、杀菌、耐磨等特性，完全环保、不掉色、密度均匀、手感好、花型、色彩丰富。但是，静电植绒壁纸具有不耐湿、不耐脏、不便擦洗等缺点，因此在施工与使用时需注意保洁。

6）金属膜壁纸

金属膜壁纸是在纸基上涂布一层电化铝箔（如铝铜合金等）薄膜（仿金、银），再经压花制成的壁纸。金属膜壁纸具有不锈钢、黄金、白银、黄铜等金属的质感与光泽，装饰效果华贵、耐老化、耐擦洗、无毒、无味、无静电、耐湿、耐晒、可擦洗、不褪色（图2-15、图2-16）。

金属膜壁纸繁富典雅、高贵华丽，通常用于面积较大的客厅、餐厅、走道等空间，一般只作局部点缀，尤其适用于墙面、柱面的墙裙以上的部位铺装。金属膜壁纸构成的线条颇为粗犷、奔放，整片用于墙面可能会造成平庸的效果，若适当点缀则能不露痕迹地显露出家居空间的炫目与前卫。在选用时要注意，铺装金属膜壁纸的部位应当避免强光照射，否则会出现刺眼的反光，给家居环境带来光污染。

7）玻璃纤维壁纸

玻璃纤维壁纸又被称为玻璃纤维墙布，是以中碱玻璃纤维为基材，表面涂树脂、印花而成的新型壁纸。基材采用玻璃纤维制成，进行染色及挺括处理，形成彩色坯布，再加以醋酸乙酯、适量色浆印花，经切边、卷筒制成成品（图2-17、图2-18）。

图2-15　金属膜壁纸（一）

图2-16　金属膜壁纸（二）

图2-17 玻璃纤维壁纸基层

图2-18 玻璃纤维壁纸

玻璃纤维壁纸属于织物壁纸中的一种，一般与涂料搭配使用，即在壁纸表面上涂装高档丝光乳胶漆，颜色可随涂料本身的色彩任意调配，并可在上面随意作画，加上壁纸本身的肌理效果，给人以粗犷质朴的感觉，但其表面的丝光面漆，又隐约透出几分细腻。此外，玻璃纤维壁纸具有遮光性，可以覆盖原有颜色，且具有轻微的弹性，能避免壁纸受到撞击后出现凹陷。

8）荧光壁纸

荧光壁纸是在纸面上镶有用发光物质制成的嵌条，能在夜间或弱光环境下发光（图2-19、图2-20）。壁纸的发光原理有两种，一种是采用可蓄光的天然矿物质，在有外界光照的情况下，吸收一部分光能，将其储存起来，当外界光线很暗时，它又将储存的部分光能自然地释放出来，从而产生荧光效果。另一种是采用无纺布作为原料，经紫光灯照射后，产生发光的效果，由于必须借助紫光灯，所以安装成本较高。目前，市场上的荧光壁纸多数采用前一种发光原理，也就是用无机质酸性

图2-19 荧光壁纸（一）

图2-20 荧光壁纸（二）

化合物为颜料制作而成，在明亮中积蓄光能，暗淡后又重新释放光能，熄灯后5~20min就呈现出迷人的色彩、图案。

荧光壁纸的发光图案各不相同，有模仿星空的，也有卡通动画的，可以运用在客厅、卧室的墙壁上，而且这种壁纸上的化合物成分无毒、无害，还可以用在儿童房里。荧光壁纸的原理决定了光能的释放过程不会太长，一般20min后壁纸的荧光效果就会消失。

9）液体壁纸

液体壁纸是一种新型的艺术装饰涂料，为液态桶装，通过专有模具，可以在墙面上做出风格各异的图案。该产品主要取材于天然贝壳类生物的壳体表层，黏合剂也选用无毒、无害的有机胶体，是真正的天然、环保产品（图2-21、图2-22）。

液体壁纸之所以被称为绿色环保材料，是因为施工时无需使用建筑胶水、聚乙烯醇等，所以不含铅、汞等重金属以及醛类物质，从而做到无毒、无污染。由于是水性材料，液体壁纸的抗污性很强，同时具有良好的防潮、抗菌性能，不易生虫，不易老化。液体壁纸不仅克服了乳胶漆色彩单一、无层次感及壁纸易变色、翘边、起泡、有接缝、寿命短等缺点，同时保持了乳胶漆易施工、图案精美等特点，是集乳胶漆与壁纸的优点于一身的高科技产品。近几年来，液体壁纸产品开始在国内盛行，装饰效果非常好，成为墙面装饰的最新产品（图2-23、图2-24）。

3. 壁纸应用

在家居装修中选用壁纸，主要应关注以下几方面问题。

图2-21　液体壁纸样本（一）

图2-22　液体壁纸样本（二）

图2-23 液体壁纸铺装

图2-24 液体壁纸印花滚筒

1）壁纸用量

壁纸价格较高，尤其是购买大型花纹、图案壁纸进行装修，须认真计算壁纸的用量。多数壁纸产品都是按卷进行销售，常规壁纸每卷宽度分别为520mm与750mm两种，此外还有特殊壁纸需另外计算。每卷壁纸的长度一般为10m或20m。

壁纸用量计算方法为：（房间周长×房间高度 − 门窗、家具面积）÷每卷铺装的平方米数×损耗率，一般标准壁纸每卷可铺装5.2m^2，损耗率一般为3%～10%。损耗率的高低与壁纸的花纹大小、宽度有关，碎花浅色壁纸损耗率较低，为3%，大型图案壁纸耗率较高，为10%。

2）图案选择

壁纸图案特别丰富，经销商能提供各种壁纸样本供装修业主挑选，往往令人眼花缭乱，在选择壁纸图案时要根据实际功能进行选择。

常见的壁纸图案一般包括竖条纹、图案、碎花纹等3种类型。竖条纹壁纸能增加家居空间的高度，图案具有恒久与古典特性，是最常见的选择。竖条纹能将视线向上引导，会对房间的高度产生错觉，非常适合用在较矮的房间。如果房间已经显得高挑，可以选用宽度较大的条纹图案，因为它能将视线向左右延伸（图2-25、图2-26）。图案壁纸能降低空间的拘束感，鲜艳炫目的图案与花纹最为抢眼，有些图案十分逼真、色彩浓烈，适合格局较为平淡无奇的房间，这种图案还应搭配欧式古典家具（图2-27、图2-28）。碎花纹壁纸可以塑造既不夸张又不平淡的空间氛围，是最常见的选择，选择这种壁纸能获得最为安全的视觉效果

图2-25 竖条纹壁纸（一）

图2-26 竖条纹壁纸（二）

图2-27 图案壁纸（一）

图2-28 图案壁纸（二）

（图2-29）。

3）色彩选择

朝北背光的房间不宜用偏蓝、偏紫等冷色壁纸，而应用偏黄、偏红或偏棕色的暖色壁纸，以免在冬季感觉过于偏冷。而朝阳的房间，可选用偏冷的灰色调壁纸，但不宜用天蓝、湖蓝等冷色壁纸。客厅宜选用清新淡雅的壁纸，餐厅应采用橙黄色的壁纸，卧室则可以依据个人喜好，随意发挥。

一般而言，同一间房内不会将所有墙壁都铺装壁纸，壁纸与墙壁颜色应当搭配适宜。红色壁纸可以配白色、浅蓝色、米色墙面。粉红色壁纸可以配紫红色、白色、米色、浅褐色、浅蓝色墙面。橘红色壁纸可以配白色、浅蓝色墙面。黄色壁纸可以配浅蓝色、白色、浅褐色墙面。褐色壁纸可以配米黄色、鹅黄色墙面。绿色壁纸可以配白色、米色、深紫色、浅褐色墙面。蓝色壁纸可以配白色、粉蓝色、橄榄绿、黄色墙面。

图2-29 碎花纹壁纸

图2-30 壁纸色彩搭配

紫色壁纸可以配浅粉色、浅蓝色、黄绿色、白色、紫红色墙面。此外，壁纸的具体颜色还要根据家具风格去优化搭配。

4）房间应用

选择壁纸要考虑家居空间的面积、空间尺度、房间的朝向等因素。壁纸虽然适用于任何房间，但是要让人轻松分辨出哪间是卧室，哪间是书房。现代壁纸主要用于卧室等内部空间的铺装。

主卧室应选用明快大方的色彩，材质应选用环保透气性好的高档产品，最好具有抗拉扯、耐擦洗功能。其他卧室一般应选用暖色调或带小花纹的壁纸，能制造温馨、舒适的感觉。如果是老人房，可以选择能使人安静、沉稳的壁纸，也可根据老人的喜好选用素花壁纸。儿童房一般选择色彩明快的壁纸，配饰卡通腰线点缀，或上下搭配使用，如上部带卡通图案，下部为单色的壁纸，营造出快乐整洁的效果（图2-30）。

当然，现在大多数住宅的卧室面积并不大，因此最好不宜选用纹理、图案过于醒目的壁纸，图案的尺度也要适当，如果图形花样过大就会在视觉上造成空间狭小的感觉。

4. 壁纸选购

壁纸产品门类特别丰富，在选购时要注意识别产品质量。下面，就以常见的塑料壁纸为例，介绍通用的识别方法。

1）观察样本

壁纸经销商都会在店面里准备很多样本图册供业主观看，样本图册是由同一品牌下多种图案、花纹的真实壁纸装订起来的，同时还会配有

★装修顾问★

壁纸污染

随着生活水平的不断提高，壁纸材料得到了广泛应用，但壁纸暴露出来的环保问题也越来越多。根据国内生产的工艺特点，壁纸存在甲醛、重金属、氯乙烯等有害物质。

壁纸的污染主要来自于两个方面，一是壁纸本身释放出的挥发性有机化合物（如甲苯、二甲苯、甲醛等），尤其是聚氯乙烯胶面壁纸，由于原材料、工艺配方等原因，可能残留铅、钡、氯乙烯等有害物质，对人体健康造成威胁；二是来自壁纸胶粘剂所产生的污染。胶粘剂主要分有机溶剂型与水基型两种，为了使其具有更好的渗透性，厂家在生产中常采用大量的挥发性有机溶剂，胶粘剂有可能释放甲醛、苯、氯乙烯等。

因此，选购壁纸应注意污染问题，不应将房间的所有墙面全部铺装壁纸，应当购买优质产品，并选用水基型胶粘剂。

实景铺装图片或电脑效果图，选购起来十分方便。通过图册，壁纸的质量尽收眼底，一般图册厚重、花色多样的产品说明质量较好，知名企业都较为注重产品的包装、宣传（图2-31）。

2）拿捏厚度

塑料壁纸质量的关键在于厚度，底层壁纸经过多次褶皱后应不产生痕迹，壁纸的薄厚应当一致。平面的塑料壁纸整体厚度一般为3张普通复印纸的厚度。同时，注意观察塑料壁纸表面是否存在色差、皱褶、气泡，壁纸的花案是否清晰，色彩是否均匀（图2-32）。

3）关注气味

壁纸是否存在气味很重要，如果壁纸有异味，说明很可能甲醛、氯

图2-31 观察样本

图2-32 拿捏厚度

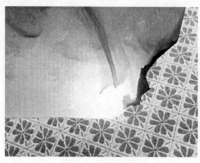

图2-33　壁纸燃烧

图2-34　表面擦拭

乙烯等挥发性物质的含量较高。打开包装仔细闻一下产品就能得出结论。塑料壁纸与其他壁纸一样，还可以用打火机点燃壁纸一角，所散发的烟雾如果很刺鼻，则说明质量较差。此外，壁纸还应具备防火功能，离开火焰后，优质壁纸上的火焰应自动熄灭。经过燃烧后的优质壁纸应变成浅灰色粉末，而伪劣产品在燃烧时会产生刺鼻黑烟（图2-33）。

4）表面质地

塑料壁纸表面覆有一层PVC膜，优质产品具有很强的防水、抗污染功能，如果条件允许，可以用湿抹布或湿纸巾在壁纸表面反复擦拭，优质产品应不浸水、不褪色（图2-34）。还可以从侧面用指甲剥揭壁纸，优质产品的表层与纸张应不分离。

5. 壁纸施工

壁纸铺装是一种档次较高的墙面装饰施工，工艺复杂，成本较高，施工质量直接影响壁纸的装饰效果，应该严谨对待。

1）施工方法

首先，清理铺装基层表面，对墙面、顶面不平整的部位填补石膏粉腻子，并用240号砂纸对界面打磨平整。然后，对铺装基层表面作第一遍满刮腻子，修补细微凹陷部位，待干后采用360号砂纸打磨平整，满刮第二遍腻子，仍采用360号砂纸打磨平整，对壁纸铺装界面涂刷封固底漆，复补腻子磨平。接着，调配壁纸胶（图2-35），在墙面上放线定位，展开壁纸检查花纹、对缝、裁切（图2-36），设计粘贴方案，对壁纸、墙面涂刷专用壁纸胶，上墙对齐粘贴（图2-37、图2-38）。最后，赶压壁纸中

图2-35　调配壁纸胶

图2-36　裁切壁纸

图2-37　滚涂壁纸胶

图2-38　对齐接缝

可能出现的气泡，严谨对花、拼缝，擦净多余壁纸胶，修整养护。

2）施工要点

壁纸施工应在相对湿度85%以下的环境中进行，温度不应有剧烈变化，要避免在潮湿季节或潮湿墙面上施工。白天施工应打开门窗，保持通风，晚上要关闭门窗，防止潮气进入。刚铺装的壁纸，应避免大风猛吹，否则会影响其粘接牢度。

基层处理时，必须清理干净、平整、光滑。墙面基层含水率应<8%。墙面平整度要用2m长的水平尺检查，高低差应<2mm。混凝土与抹灰基层面应清扫干净，将表面裂缝、凹陷等不平处用腻子找平后再满刮腻子，打磨平整，根据需要决定刮腻子的遍数。木质基层应刨平，无毛刺，无外露钉头。接缝、钉头用腻子补平后再满刮腻子，打磨平整。石膏板接缝用嵌缝腻子处理，并用防裂带贴牢，表面再刮腻子。封固底漆要使用与壁纸胶配套的产品，涂刷1遍即可，不能有遗漏。针对

潮湿环境，为了防止壁纸受潮脱落，还可以涂刷一层防潮涂料。

铺装壁纸前要弹垂直线与水平线，拼缝时先对图案、后拼缝，使上下图案吻合。保证壁纸、壁布横平竖直、图案正确。不能在阳角处拼缝，壁纸要包裹阳角20mm以上。塑料壁纸遇水后会膨胀，因此要用水润纸，使塑料壁纸充分膨胀。纤维壁纸、复合纸壁纸、纺织壁纸遇水无伸缩，无需润纸。铺装玻璃纤维壁纸与无纺壁纸时，背面不能刷胶粘剂，将胶粘剂刷在墙面基层上。因为这类壁纸孔隙细小，壁纸胶会渗透表面进而出现胶痕，影响美观。涂胶时最好采用壁纸涂胶器，涂胶会更为均匀。

铺装壁纸后，要及时赶压出周边的壁纸胶，不能留有气泡，铺装壁纸时溢流出的胶粘剂液，应随时用干净的毛巾擦干净，尤其是接缝处的胶痕要处理干净。施工员应将手与工具保持高度清洁，如沾有污迹应及时用肥皂或清洁剂清洗干净。

铺装壁纸应注意保留开关面板、灯具的开口位置。施工完毕的壁纸墙面要注意防止硬物刮碰。对于接缝开裂的部位要及时予以补贴，不能任其发展。太干燥的房间要及时开窗，避免因阳光直射时间过长，对深色壁纸的色彩造成较大的负面影响。

6. 壁纸保养维护

1）常规保洁

在日常生活中，壁纸墙面可以用吸尘器吸尘、清洁，有污渍的部位可以将普通清洁剂稀释，注入喷雾器后喷洒在壁纸上，再用湿抹布擦拭。

2）壁纸起泡

壁纸起泡是常见问题，主要是铺装壁纸时涂胶不均匀，导致壁纸表面收缩受力，并从墙体基层吸收过多水分从而出现气泡（图2-39）。用普通缝衣针将壁纸表面的气泡刺穿，将气体释放出来，再用针管抽取适量的胶粘剂注入刚刚的针孔中，最后将壁纸重新压平、晾干。

3）壁纸发霉

壁纸发霉一般发生在雨季或潮湿天气，因墙体水分过高没有及时挥发导致发霉（图2-40）。如果发霉不太严重，可以用白色毛巾蘸取适量

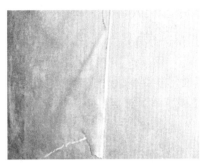

图2-39　壁纸起泡

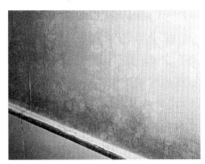

图2-40　壁纸发霉

清水擦拭，或用肥皂水擦拭，也可以购买专用的除霉剂。

　　4）壁纸翘边

　　壁纸翘边有可能是基层处理不干净、胶粘剂粘结力太低，或包阳角的壁纸边宽度＜20mm等原因，可以用壁纸的胶粘剂重新补贴。

二、地毯

　　地毯是以棉、麻、毛、丝、草等天然纤维或化学合成纤维为原料，经手工或机械工艺进行编结、栽绒或纺织而成的地面铺装材料。广义上的地毯还包括铺垫、坐垫、壁挂、帐幕、鞍褥、门帘、台毯等。地毯最初仅为铺地，起到御寒及有利于坐卧的作用，既具有隔热、防潮、舒适等功能，也具有高贵、华丽、美观、悦目的效果，成为现代家居装修的高级装饰品。

1. 地毯特性

　　地毯以其紧密、透气的结构，可以吸收并隔绝声波，有良好的隔声效果。地毯表面绒毛可以捕捉、吸附飘浮在空气中的尘埃颗粒，有效改善室内空气质量。地毯是一种软性铺装材料，有别于如大理石、瓷砖等硬性地面铺装材料，不易滑倒、磕碰。地毯具有丰富的图案、绚丽的色彩、多样化的造型，能美化家居装修环境，体现个性。地毯无辐射，不散发甲醛等有害物质，达到各种环保要求。现代地毯根据款式可以分为以下几种。

1）卷毯

常见的化纤地毯、混纺地毯、无纺织纯毛地毯一般以卷材的形式生产、销售。每卷地毯长度10～30m，宽度为1.2～4.2m不等，销售时可以按米裁切计价，价格低廉，其中普通化纤地毯的价格一般为15～25元/m^2。铺设这种地毯能使家居空间显得宽敞，更有整体感，但若损坏更换起来不太方便（图2-41）。

2）块毯

中高档纯毛地毯、混纺地毯一般以成品块状的形式生产、销售。块状地毯铺设方便且灵活，位置可随时变动，给家居设计提供了更大的选择性，对于磨损严重的地毯可以随时调换，从而延长了地毯的使用寿命，达到既经济又美观的目的。在室内铺设小块地毯，能起到画龙点睛的效果。高档纯毛地毯还有成套产品，每套由多块形状、规格不同的地毯组成（图2-42）。

此外，花式方块地毯可以拼成不同的图案，小块地毯可以划分功能区，如门前毯、床前毯、过道毯等都比较常见。块毯价格相对较高，其中纯毛地毯价格为300～1000元/m^2，甚至更高。

2. 地毯种类

现代地毯种类很多，按材质可以分为以下几种。

1）纯毛地毯

纯羊毛地毯的主要原料为粗绵羊毛，毛质细密，弹性较好，受压后能很快恢复原状，它采用天然纤维，不带静电，不易吸尘土，还具有一

图2-41　卷毯样本

图2-42　块毯

定阻燃性。纯毛地毯图案精美、色泽典雅，不易老化、褪色，具有吸声、保暖、脚感舒适等特点，它属于高档地面装饰材料（图2-43、图2-44）。

纯毛地毯分为手工编织与机织地毯两种。手工编织的纯毛地毯是我国传统纯毛地毯中的高档品，它采用优质绵羊毛纺纱，经过染色后织成图案，再以专用机械平整毯面，最后洗出丝光。手工编织纯毛地毯具有图案优美、色泽鲜艳、富丽堂皇、质地厚实、富有弹性、柔软舒适、保温隔热、吸声隔声、经久耐用等特点。机织纯毛地毯是现代工业发展起来的新品种，机织纯毛地毯具有毯面平整、光泽好、富有弹性、脚感柔软、抗磨耐用等特点，其性能与纯毛手工地毯相似，但价格远低于手工地毯，其回弹性、抗静电、抗老化、耐燃性等都优于化纤地毯。

纯毛地毯优点甚多，但是它属于天然材料产品，抗潮湿性相对较差，而且容易发霉、虫蛀，影响地毯外观，从而缩短其使用寿命。

2）混纺地毯

混纺地毯是以毛纤维与各种合成纤维混纺而成的地毯，因掺有合成纤维，所以价格较低，使用性能有所提高。例如，在羊毛纤维中加入20%的尼龙纤维混纺后，可使地毯的耐磨性提高5倍，混纺地毯在图案花色、质地、手感等方面却与纯毛地毯相差无几，装饰性能不亚于纯毛地毯，并且价格比纯毛地毯便宜（图2-45、图2-46）。

混纺地毯的品种极多，常以毛纤维与其他合成纤维混纺制成，例如，80%的羊毛纤维与20%的尼龙纤维混纺，或70%的羊毛纤维与

图2-43 纯毛地毯（一）

图2-44 纯毛地毯（二）

图2-45 混纺地毯（一）

图2-46 混纺地毯（二）

30%的烯丙酸纤维混纺。混纺地毯价格适中，同时还克服了纯毛地毯不耐虫蛀和易腐蚀等缺点，在弹性与舒适度上又优于化纤地毯。

在家居装修中，混纺地毯的性价比最高，色彩及样式繁多，既耐磨又柔软，在室内空间可以大面积铺设，如书房、客卧室、棋牌室等，但是日常维护比较麻烦。

3）化纤地毯

化纤地毯的出现是为了弥补纯毛地毯价格高、易磨损的缺陷。化纤地毯一般由面层、防松层、背衬3部分组成。面层以中、长簇绒纤维制作。防松层以氯乙烯共聚乳液为基料，添加增塑剂、增稠剂、填充料，以增强绒面纤维的固着力。背衬是用粘结剂与麻布胶合而成（图2-47、图2-48）。

化纤地毯的种类较多，主要有尼龙、锦纶、腈纶、丙纶、涤纶地毯等。化纤地毯中的锦纶地毯耐磨性好，易清洗、不腐蚀、不虫蛀、不

图2-47 化纤地毯（一）

图2-48 化纤地毯（二）

霉变，但易变形，易产生静电，遇火会局部熔解。腈纶地毯柔软、保暖、弹性好，在低伸长范围内的弹性恢复力接近羊毛，比羊毛质轻，不霉变、不腐蚀、不虫蛀，缺点是耐磨性差。丙纶地毯质轻、弹性好、强度高，原料丰富，生产成本低。涤纶地毯耐磨性仅次于锦纶，耐热、耐晒、不霉变、不虫蛀，但染色困难。

化纤地毯相对纯毛地毯而言，比较粗糙，质地硬，一般用在走道、客厅、餐厅、书房等空间，价格很低，尤其放在书房的办公桌下，能减少转椅滑轮与地面的摩擦。选购时应注意观察地毯的绒头密度，可用手去触摸地毯，产品的绒头质量高，毯面就丰满，这样的地毯弹性好、耐踩踏、耐磨损、舒适耐用，注意观察毯背是否有脱衬、渗胶等现象。

4）剑麻地毯

剑麻地毯属于植物纤维地毯，以剑麻纤维为原料，经纺纱编织、涂胶及硫化等工序制成，产品分素色与染色两种，有斜纹、鱼骨纹、帆布平纹等多种花色（图2-49、图2-50）。

剑麻地毯纤维是从龙舌兰植物叶片中抽取，具有易纺织、色泽洁白、质地坚韧、强力大、耐酸碱、耐腐蚀、不易打滑等特点。剑麻地毯是一种全天然的产品，它含水分，可随环境变化而吸湿或放出水分来调节环境及空气温度。剑麻地毯还具有节能、可降解、防虫蛀、阻燃、防静电、高弹性、吸声、隔热、耐磨损等优点。

剑麻地毯与羊毛地毯相比更为经济实用，但是，剑麻地毯的弹性与其他地毯相比，就要略逊一筹，手感也较为粗糙。剑麻地毯在使用中要避免与明火接触，否则容易燃烧。

图2-49 剑麻地毯（一）

图2-50 剑麻地毯（二）

3. 地毯应用

1）地毯风格

家居装修风格直接影响地毯的选用，欧式风格、中式风格，古典流派（图2-51、图2-52），还是现代流派（图2-53、图2-54），这一切决定了地毯的类别、档次、色泽、图案等选购因素，选用具有一定风格的地毯才能使家居装修达到尽善尽美、锦上添花的效果。

2）分区选用

家居空间由多个不同区域组成，如走道、客厅、餐厅、卧室等，由于这些区域的功能不同，也造成使用方式的不同。或静或闹、或冷或暖，为了适应不同区域的特殊性，各区域的地毯选择应既有所区别，又能相呼应。

3）合理搭配

纯毛地毯价格较高，一般选用面积较小的块毯铺设在卧室、书房等

图2-51　古典风格地毯（一）

图2-52　古典风格地毯（二）

图2-53　现代风格地毯（一）

图2-54　现代风格地毯（二）

空间的局部，如床边、沙发边，每间房配置一块即可。混纺地毯性价比较高，可以选购面积较大的块毯铺设在客厅、书房局部地面，如茶几下、书桌下。化纤地毯价格低廉，可以大面积铺装在书房、健身房、棋牌室等房间，可以满铺，但是不宜铺装在卧室。化纤地毯、剑麻地毯可以铺设在门厅、走道、卫生间的出入口处，用于吸收鞋底灰尘、水分。

4. 地毯施工

地毯有块毯与卷毯两种形式，块毯铺设简单，将其放置在合适的位置压平即可，而卷毯一般采用卡条固定，适用于家居空间中的书房、视听室、卧室等。

1）施工方法

首先，在铺装地毯前必须进行实地测量，观察墙角是否规整，准确记录各角角度。接着，根据计算好的下料尺寸在地毯背面弹线、裁切（图2-55），要注意避免造成浪费，并安装好踢脚线，踢脚线下沿至地面间隙应比地毯厚度大2~3mm。接着，安装边缘应倒刺板，接缝处应用胶带在地毯背面将两块地毯粘贴在一起，要先将接缝处不齐的绒毛修齐，直至表面看不出接缝痕迹为佳（图2-56）。当地毯铺设后，用撑子将地毯拉紧、张平，挂在倒刺板上。最后，裁割地毯时应沿地毯经纱裁割，只割断纬纱，不割经纱，对于有背衬的地毯，应从正面分开绒毛，找出经纱、纬纱后再进行裁切。

2）施工要点

地毯与配套材料等进场后应检查核对数量、品种、规格、颜色、图

图2-55 地毯裁切

图2-56 地毯铺装

案等是否符合设计要求，如符合应按其品种、规格分别存放在干燥的房间内。铺设地毯的基层一般为水泥地面，也可以是木地板或其他材质地面，要求表面平整、光滑、洁净，如有油污，须用丙酮或松节油擦净。若是水泥地面，应具有一定的强度，含水率应≤8%，表面平整偏差应≤4mm。

地毯裁剪应在比较宽阔的房间统一进行。一定要精确测量房间尺寸，每段地毯的长度要比实际测量的房间长50mm左右，宽度要以裁去地毯边缘线后的尺寸计算。弹线裁去边缘部分，然后从毯背裁切，裁好后卷成卷并编上号，放入对应的房间里。

钉倒刺板挂毯条应沿房间或走道四周的踢脚板边缘，用高强水泥钉将倒刺板钉在地面基层上，钉朝向墙的方向，其间距约300mm左右，倒刺板应距离踢脚板面8~10mm，以便于钉牢倒刺板。拉伸与固定地毯时，先将地毯长边固定在倒刺板上，毛边掩到踢脚板下。用地毯撑子拉伸地毯，从一边推向另一边，如一遍未能拉平，应重复拉伸，直至拉平为止。然后将地毯固定在另一条倒刺板上，掩好毛边。长出的地毯应裁切掉，直至四个边都固定在倒刺板上。

最后对细部进行清理，要注意门口压条、门框、管道、暖气罩、槽盒、门槛、楼梯踏步、过道平台等部位的地毯套割、固定、掩边操作（图2-57）。地毯铺设完毕，固定收口条后，应用吸尘器清扫，并将毯面上脱落的绒毛等也一同彻底清理干净。

5. 地毯维护保养

1）及时清理

地毯应每天用吸尘器清理，不要等到大量污渍及污垢渗入地毯纤维后再清理，只有经常清理，才易于清洁。每个部位应吸尘两遍，第一遍逆地毯绒头而吸，虽用力大但可吸尘彻底，第二遍顺地毯绒头而吸，可使地毯恢复原有的绒头导向，避免绒头紊乱而造成色差（图2-58）。

地毯铺使用1~2年后，最好调整位置，使之磨损均匀。一旦有些地方出现凹凸不平可以轻轻拍打，或用蒸气熨斗熨平。

2）去污方法

墨水渍可用柠檬酸擦拭，擦拭过的地方要用清水洗一下，之后再用

图2-57　楼梯地毯铺装

图2-58　地毯洗尘清洁

干毛巾吸去水分。咖啡、可乐、茶渍可用甘油清除。水果汁可用冷水加少量稀氨水溶液清除。油漆污渍可用汽油与洗衣粉一起调成粥状，晚上涂到油漆处，第二天用温水清洗后再用干毛巾将水分吸干。清除粘附在地毯上的口香糖，可以用冰块压覆在口香糖上方，让口香糖凝固，之后用手按压，待口香糖完全变硬时，用刷子或牙刷将之拔除，最后用刷子彻底刷净即可。地毯上落下些绒毛、纸屑等质量轻的物质，吸尘器就可以解决。若没有吸尘器，可用宽胶带将局部碎渣粘起并清理干净（图2-59）。

3）清洗方法

地毯清洗可以分为干洗与湿洗两种方法。最普遍的干洗方法是泡沫干洗，泡沫干洗机采用带有旋转毛刷与真空吸头将大量洗涤剂喷洒在毯面绒头上，在毛刷滚动的作用下，洗涤剂清洁绒头之后用吸尘、吸水机吸去洗涤泡沫及悬浮尘土（图2-60）。当地毯的油污及其他黏性物质明

图2-59　宽胶带清洁

图2-60　地毯清洗机

显集结、灰尘污垢聚集已影响地毯色泽与地毯绒头回弹性能，而干洗又无法根除时，就应进行地毯湿洗，即彻底清洗。湿洗地毯一般采用蒸汽清洗法，对于清除嵌入在地毯绒头内部的污物与地毯表面污垢效果非常好，使用专用蒸汽机释放出水与清洗液构成的蒸汽溶剂喷洒于地毯上，后经机械刷动，使污垢脱离地毯纤维，悬浮在蒸汽中，最终被吸入真空吸头而清除。

三、窗帘

窗帘是用布、竹、苇、麻、纱、塑料、金属材料等制作的遮蔽窗户或调节室内光照的帘子。随着窗帘的发展，它已成为家居装修不可缺少的室内装饰品（图2-61、图2-62）。窗帘的作用是与外界隔绝，保持家居空间的私密性，既可以减光、遮光，满足人对光线不同强度的需求，又可以防风、除尘、隔热、保暖、消声、防辐射，改善起居环境。

1. 窗帘特性

1）保护私隐

客厅是家庭成员的公共活动区域，对于隐私的要求较低，大部分客厅都将窗帘拉开，多数情况下窗帘处于装饰状态。而对于卧室、卫生间等区域，则要求连影子都看不到。因此，客厅会选择偏透明的窗帘，而卧室、卫生间则选用质地较厚的窗帘。

2）采光装饰

利用采光是指在保护隐私的前提下，有效利用光线来装饰家居空

图2-61　窗帘（一）

图2-62　窗帘（二）

间，可采用轻薄布帘制作窗帘（图2-63）。例如，根据光学原理，单向透视的窗帘能在白天从室内看到室外，而室外却看不到室内，在有效保证隐私的同时也能欣赏窗外美景。此外，窗帘还能装饰窗户与墙面，窗帘的颜色、质地与墙面乳胶漆、壁纸、家具等形成对比，从而达到装饰效果。

3）吸声降噪

大部分声音是通过空气传播，其中高音是直线传播，而窗户玻璃对于高音的反射率也很高。因此，适当厚度的窗帘可以改善室内音响的混响效果。同样，厚窗帘也有利于吸收部分来自户外的噪声，改善室内的声音环境。

4）隔热保温

窗帘在夏季能阻隔室外热量的进入，冬季能减少室内热量的流失。使用特殊的隔热保温窗帘，夏季太阳光向室内辐射的热量，大部分被窗帘反射回去。冬季，从室内人体与物体辐射到窗帘上的绝大部分热量，都会被窗帘反射回来，能有效阻止热量散发，提高室温（图2-64）。

此外，太阳辐射中的紫外线是造成地板、地毯、家具、窗帘、艺术品、织物褪色老化的主要原因，防紫外线窗帘逐渐成为现代家居装修的新产品。

2. 窗帘种类

窗帘主要由帘体、辅料、配件三大部分组成。帘体包括窗幔、窗身、窗纱。窗幔是装饰窗户不可或缺的组成部分，一般采用与窗身相同面料制作。款式上有平铺、打折、水波、综合等式样。辅料由窗樱、帐

图2-63 轻薄窗帘

图2-64 隔热保温窗帘

圈、饰带、花边、窗襟衬布等组成。配件有侧钩、绑带、窗钩、窗带、滑杆、衬布、配饰等。现代窗帘样式繁多，主要可以分为以下几种。

1）百叶窗帘

百叶窗帘有水平式与垂直式两种，水平百叶式窗帘由横向板条组成，只要稍微改变一下板条的旋转角度，就能改变采光与通风。板条有木质、钢质、铝合金质、塑料、竹制等。

水平百叶窗帘的特点是当转动调光棒时能使帘片转动，能随意调整室内光线，拉动升降拉绳能使窗帘升降并停留在任意位置。百叶窗帘的遮阳、隔热效果好，外观整洁明快，安装及拆卸简单，常用于客厅、书房、阳台等（图2-65）。垂直百叶窗帘的特点是帘片垂直、平整，间隔均匀、线条整洁明快，装饰效果极佳。垂直百叶窗帘具有清洁方便、耐腐蚀、抗老化、不褪色、阻燃、隔热等特点，其中布艺垂直百叶还具有防潮、防水、防腐等特点（图2-66）。

此外，还有竹制百叶窗帘。竹帘有良好的采光效果，纹理清晰、色泽自然，使人感觉回归自然，而且耐磨、防潮、防霉、不褪色，适用于阳台、书房、餐厅等空间。

百叶窗帘的条带宽有80mm、90mm、100mm、120mm等多种。不同材质的百叶窗帘需用在不同的空间内。例如，木质与竹制百叶窗帘适用于家居环境，铝合金质或钢制的不适用于家居环境。常见的塑料百叶窗帘价格低廉，为60～80元/m²，金属与木材百叶窗帘价格较高，为150～250元/m²。

图2-65　百叶窗帘（一）

图2-66　百叶窗帘（二）

2）卷筒窗帘

卷筒窗帘简称卷帘，具有外表美观简洁、结构牢固耐用等诸多优点，当卷帘面料放下时，能让室内光线柔和，免受直射阳光的困扰，达到很好的遮阳效果，当卷帘升起时它的体积又非常小，不易被察觉（图2-67）。

卷帘的形式多样，主要分为弹簧式、电动收放式、珠链拉动式等三种。弹簧式卷帘最常见，结构小巧紧凑，操作灵活方便。电动收放式卷帘只需拨动电源开关，操作简便，工作安静平稳，是卷筒窗帘的高档产品，根据帘布的尺寸重量可选用不同规格的电动机，可用一个电动机拖多副卷帘，电动卷帘适用于大型住宅。珠链拉动式卷帘是一种单向控制运动的机械窗帘，只要在卷管负重范围内，就能保证帘布不会因自重而下滑，只要拉动珠链传动装置，帘布便会上升或下降，动作平滑稳定（图2-68）。

卷帘使用的帘布可以是半透明或乳白色及有花饰图案的编织物。具体又可分为半透光性面料、半遮光性面料和全遮光性面料。卷帘的规格可以根据需求定制，弹簧式卷帘以4m²以内为宜，电动式卷帘的宽度可达2.5m，高度可达20m，珠链拉动式卷帘高度一般为3～5m。常见的弹簧式卷帘价格较低，为50～80元/m²。

3）折叠窗帘

折叠窗帘的机械构造与卷筒式窗帘类似，第一次拉动即下降，所不同的是第二次拉动时，窗帘并不像卷筒式窗帘那样完全缩进卷筒内，而

图2-67 卷筒窗帘（一）

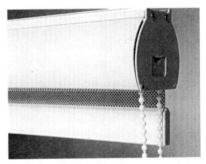

图2-68 卷筒窗帘（二）

是从下面一段段打褶升上来，褶折幅度与间距要根据面料的质感进行确定（图2-69、图2-70）。

折叠窗帘使用的面料特别丰富，规格可根据需求定制，每个单元的宽度宜≤1.5m。中档折叠窗帘价格为100～150元/m²。折叠窗帘应根据使用程度，定期更换窗帘拉绳，避免拉绳与窗帘发生缠绕，窗帘全部上升到位后，仍会有一部分遮住窗户。

4）垂挂窗帘

垂挂窗帘的构造最为复杂，由窗帘轨道、装饰挂帘杆、窗帘箱或帘楣幔、窗帘、吊件、窗帘缨（扎帘带）、配饰五金件等组成。垂挂窗帘除了不同的类型选用不同织物与式样以外，以前比较注重窗帘盒的设计，但是现在已逐渐被无窗帘盒的套管式窗帘所替代。此外，用窗帘缨束围成的帷幕形式也成为一种流行的装饰手法（图2-71、图2-72）。

垂挂窗帘主要用于家居客厅、卧室等私密性较强、氛围温馨的空间里。垂挂窗帘规格可根据需求定制裁剪，中档垂挂窗帘价格为

图2-69 折叠窗帘（一）

图2-70 折叠窗帘（二）

图2-71 垂挂窗帘（一）

图2-72 垂挂窗帘（二）

200～300元/m^2。

3. 窗帘应用

1）质地选用

选择窗帘应当考虑家居装修的整体效果。薄型织物如薄棉布、尼龙绸（图2-73）、薄罗纱、网眼布等制作的窗帘，不仅能透进部分自然光线，同时又能令人在白天有隐秘性与安全感。由于这类织物具有质地柔软、轻薄等特点，因此悬挂效果较好。同时，还要注意与厚型窗帘配合使用，因为厚型窗帘能明显减少外界干扰。在选购厚型窗帘时，宜选择诸如灯芯绒、呢绒、金丝绒（图2-74）、毛麻织物等材料。

2）花色图案

窗帘织物的花色应与家居环境相协调，根据所在地区的环境与季节进行权衡确定。夏季宜选用冷色调织物，冬季宜选用暖色调织物，春秋两季则应选择中性色调织物。从家居整体协调的角度上看，应考虑与墙体、家具、地板等色彩保持协调。如果家具较深，就应选用浅色窗帘，以免过多深色令人产生压抑感。

3）样式尺寸

对于面积较小的房间，窗帘应以比较简洁的式样为佳，以免使空间因窗帘的繁杂而显得更为窄小。而对于面积较大的房间，宜采用比较大方、气派、精致的式样。窗帘的宽度尺寸一般应两侧比窗户各宽出100mm左右为宜，底部应视窗帘式样而定，短式窗帘也应长于窗台底线150mm左右，落地窗帘一般应距地面50mm。

图2-73 尼龙绸窗帘

图2-74 金丝绒窗帘

垂挂式窗帘都应带有褶皱，这需要按窗户的实际宽度将窗帘布料以一定比例加宽。褶皱之后的窗帘更能彰显其飘逸、灵动的效果。窗户宽度的1.5倍为平褶皱，窗户宽度的2倍为波浪褶皱，这样计算后整体视觉效果较好。

4）颜色搭配

窗帘色彩丰富，选择起来往往令人不知所措。如果窗帘颜色过于深沉，时间久了就会使人心情抑郁。颜色太鲜亮时间久了又会造成视觉疲劳，使人心情烦躁。一般可以选择浅绿、淡蓝等自然、清新的颜色，能使人心情愉悦。此外，容易失眠的人可以尝试选用红、黑配合的窗帘，有助于尽快入眠。

客厅应选择色调图案均明快的窗帘，给人带来热情好客的感觉（图2-75），如果加以网状窗纱点缀，更会增强整个房间的空间层次。餐厅选用黄色、橙色窗帘能增进食欲，白色则有清洁之感。书房的窗帘应以中性偏冷色调为主，其中以淡绿、墨绿色、浅蓝色为佳。卧室则应选择色调平稳的窗帘，如浅棕色、棕红色的家具可以搭配蓝绿（图2-76）、米黄、橘黄色窗帘，白色家具可配浅咖啡、浅蓝、米色窗帘。

5）房间应用

面价较大的客厅宜用落地布艺窗帘，配白色纱帘，不需遮光布，款式上可以加配帷幔。面积较小的客厅可用不透光的卷帘、布百叶帘等。餐厅不属于私密空间，如不受强光直射则只配一层薄纱帘即可，窗纱、印花卷帘、阳光帘均为上佳选择。卫生间与厨房应选择防水、防油、易清洁的窗帘，一般选用铝百叶帘或印花卷帘。封闭式阳台的最佳选择是

图2-75 客厅窗帘

图2-76 卧室窗帘

卷帘、遮光又透气，过滤紫外线，卷起时不占空间。如果阳台与卧室想通，则安装一道布艺帘，以适合夜间睡眠使用。书房可以选择自然、独具书香味的木质百叶帘、隔声帘或素色卷帘。儿童房宜用色彩鲜艳、图案活泼的布百叶帘，也可用印花卷帘。主卧室宜用布艺垂挂帘，加遮光布与窗纱，款式以简洁为主，较小的窗户可选择成品垂挂帘。

4. 窗帘选购

布艺窗帘是目前窗帘市场的主角，其价格受织物质地的影响，棉花、亚麻、丝绸、羊毛质地的产品价格较高，一些新式带有团花、碎花图案的设计最受欢迎。不过这些质地的织物有一定的缩水率，购买时尺寸要松一些，缩水率为5％左右。人造纤维、合成纤维质地的窗帘，由于缩水、褪色、抗皱等方面优于棉麻织物，适于阳光日照较强的房间。现代许多织物都是将天然纤维与人造纤维或合成纤维进行混纺，同时兼具两者之长。

选购窗帘时要注意面料质量。首先，仔细闻一下窗帘的气味，如果面料散发出刺鼻的异味，就可能有甲醛残留，最好不要购买（图2-77）。然后，在挑选窗帘颜色时，以选购浅色调为宜，这样甲醛、染色牢度超标的风险会小些。接着，关注面料品质，可以用手拉扯一下窗帘面料，不能出现开裂、脱落等痕迹（图2-78）。最后，检查配件，各种配件应无毛刺、锈迹。

5. 窗帘维护保养

新购置的窗帘使用1～2月后应当进行清洗，在清水中充分浸泡、水洗，以减少残留在织物上的甲醛。水洗以后最好将窗帘布放在室外通风

图2-77 闻气味

图2-78 拉扯窗帘

处晾晒。

以后每周至少吸尘一次，尤其注意去除织物结构间的积尘。如沾有污渍，可用干净抹布蘸水拭去，为免留下印迹，最好从污渍外围抹起。丝绒窗帘不可沾水，应使用干洗剂。窗帘的布套、衬套应以干洗方式清洗，不能水洗或漂白。如果发现线头松脱，不能扯断，应用剪刀修剪平整。特殊窗帘的维护保养方法应有所区别。

1）布料窗帘

绒布窗帘的吸尘力较强，换下后应用手将窗帘抖一抖，令附着在窗帘上的灰尘自然落掉，再放入含有清洁剂的水中浸泡15min左右。绒布窗帘最好不要用洗衣机清洗，可用手轻压滤水。洗净之后不要用力拧，使水自动滴干蒸发即可。棉麻布窗帘清洗起来较容易，可以直接放洗衣机中清洗。除了使用洗衣粉外，最好加入少许衣物柔顺剂，洗后可以使棉麻布窗帘更加柔顺。饰有花边的窗帘不适合用力清洗。清洗之前可以先用柔软的毛刷将表面的灰尘清扫干净，然后再轻柔清洗。

2）百叶帘与卷帘

百叶帘可以直接清洗。在百叶帘上喷洒适量的清水，用抹布擦干即可。如果百叶帘的拉绳比较脏，可以用蘸有清洗剂的湿抹布清洗。卷帘一般较难拆卸，可以直接在卷帘上蘸洗涤剂清洗。清洗时应特别注意卷帘四周比较容易吸附灰尘的位置，若灰尘较重可用软刷将灰尘去除，再用清水擦拭清洗。

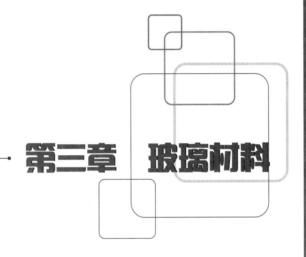

第三章　玻璃材料

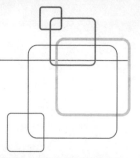

第三章　玻璃材料

玻璃材料具有良好的透光性，并具有一定强度，是现代家居装修不可缺少的装饰材料，玻璃在门窗、家具、灯具、装饰造型上都会有所应用。玻璃的品种也特别丰富，可以根据需要进行任意搭配。选购玻璃主要选择花型、样式，此外还要关注是否为钢化产品。光亮、晶莹质地的玻璃在室内空间不宜应用过多，以免令人感到眩晕。

一、普通玻璃

玻璃是一种比较透明的固体物质，主要由石英砂、纯碱、长石及石灰石经高温制成，主要成分是二氧化硅。玻璃在高温熔融时形成连续网络结构，在冷却过程中，其黏度逐渐增大并硬化，普通玻璃广泛应用于住宅建筑，用以隔风透光。

1. 平板玻璃

平板玻璃又被称为白片玻璃或净片玻璃，是最传统的透明固体玻璃。它是未经进一步加工，表面平整而光滑，具有高度透明性能的板状玻璃的总称，是现代家居装修中用量最大的玻璃品种，是成为各种装饰玻璃的基础材料（图3-1、图3-2）。

目前，生产平板玻璃的主要工艺有引拉法与浮法生产技术。引拉法是使玻璃液靠引上机的石棉辊子将玻璃带向上拉引，经冷却等工艺连续

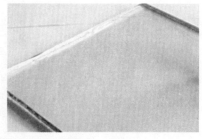

图3-1　平板玻璃

图3-2　平板玻璃书柜门

生产出来的平板玻璃。浮法是将玻璃液从连续地流入并漂浮在有还原性气体保护的金属锡液面上，依靠玻璃的表面张力、重力及机械拉引力的综合作用，拉制成不同厚度的玻璃带，经冷却而制成的平板玻璃。

平板玻璃按厚度可分为薄玻璃、厚玻璃、特厚玻璃。平板玻璃还可以通过着色、表面处理、复合等工艺制成具有不同色彩与各种特殊性能的玻璃制品。

平板玻璃具有良好的透视、透光性能，其可见光线反射率在7%左右，透光率在82%~90%之间。平板玻璃对太阳中近红热射线的透过率较高，无色透明的平板玻璃对太阳光中紫外线的透过率较低。平板玻璃具有一定的隔声与保温性能，其抗拉强度远小于抗压强度，是典型的脆性材料。平板玻璃具有较高的化学稳定性，通常情况下，对酸、碱、盐及气体有较强的抵抗能力，但长期遭受侵蚀介质的作用也能导致质变和破坏。平板玻璃热稳性较差，急冷急热，易发生爆裂。

平板玻璃的规格一般不低于1000mm×1200mm，厚度通常为2~20mm，其中厚度为5~6mm的产品最大可以达到3000mm×4000mm。目前，常用平板玻璃的厚度有0.5m~25mm多种，应用方式均有不同。目前，在家居装修中，5mm厚的平板玻璃应用最多，常用于各种门、窗玻璃，价格为35~40元/m² (图3-3、图3-4)。

2. 镜面玻璃

镜面玻璃又被称为涂层玻璃或镀膜玻璃，它是以金、银、铜、铁、锡、钛、铬或锰等的有机或无机化合物为原料，采用喷射、溅射、真空沉积、气相沉积等方法，在玻璃表面形成氧化物涂层。

图3-3　平板玻璃窗（一）

图3-4　平板玻璃窗（二）

★装修顾问★

平板玻璃厚度与用途

　　3～4mm厚的平板玻璃主要用于装饰画框表面。5～6mm厚的平板玻璃主要用于外墙窗户、门扇等小面积透光造型。8mm厚的平板玻璃主要用于室内屏风等较大面积且有框架保护的造型。10mm厚的平板玻璃可用于室内大面积隔断、栏板等构造。12mm厚的平板玻璃可用于地弹簧玻璃门与大面积隔断。15mm厚的平板玻璃一般需要定制，主要用于面积较大的地弹簧玻璃门或玻璃幕墙。

　　镜面玻璃的涂层色彩有多种，常用的有金色、银色、灰色、古铜色等。这种带涂层的玻璃，具有视线的单向穿透性，即视线只能从有镀层的一侧观向无镀层的一侧。镜面玻璃能扩大室内空间与视野，或反映周围景物的变化，使人有赏心悦目的感觉。镜面玻璃反射能力强，其对光线有较强的反射能力，是普通平板玻璃的4～5倍以上，可增加室内的明亮度，使室内光线柔和、舒适（图3-5～图3-7）。

　　目前，在家居装修中运用的镜面玻璃分为铝镜玻璃与银镜玻璃。铝镜玻璃背面为镀铝材质，颜色偏白、偏灰，一般用于背景墙、吊顶、装饰构造的局部，价格较低。银镜玻璃背面为镀银材质，经敏化、镀银、镀铜、涂漆等系列工序制成（图3-8），成像纯正、反射率高、色泽还原度好，影像亮丽自然，即使在潮湿环境中也经久耐用，一般用于家居卫生间、梳妆台上的镜面，价格较高。

　　镜面玻璃的规格与平板玻璃一致，厚度通常为4～6mm，其中5mm

图3-5　镜面玻璃（一）

图3-6　镜面玻璃（二）

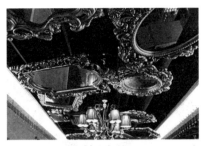

图3-7　镜面玻璃（三）　　　　　图3-8　镜面玻璃背面

厚的银镜玻璃价格为40～45元/m²。选购时应注意观察镜面玻璃是否平整，反射的影像不能发生变形。

二、安全玻璃

安全玻璃是一类经剧烈振动或撞击不破碎，即使破碎也不易伤人的玻璃。安全玻璃的品种繁多，用于家居装修中能有效保护装饰构造不受破坏，是目前玻璃市场消费的热点。

1. 钢化玻璃

钢化玻璃是安全玻璃的代表，它是以普通平板玻璃为基材，通过加热到一定温度后再迅速冷却而得到的玻璃（图3-9）。钢化玻璃的生产工艺有两种，一种是将普通平板玻璃经淬火法或风冷淬火法加工处理而成。另一种是将普通平板玻璃通过离子交换法，将玻璃表面成分改变，使玻璃表面形成压应力层，以增加抗压强度。

钢化玻璃的主要优点在于强度比普通玻璃提高数倍，抗弯强度是普通玻璃的3～5倍，抗冲击强度是普通玻璃5～10倍，提高强度的同时也提高了安全性。钢化玻璃具有很高的使用安全性能，其承载能力增大能改善易碎性质，即使钢化玻璃遭到破坏后也呈无锐角的小碎片，大幅度降低了对人的伤害。钢化玻璃的耐急冷急热性质比普通玻璃高2～3倍，可承受180℃以上的温差变化，对防止热炸裂有明显的效果。此外，钢化玻璃热稳定性好，表面光洁、透明，能耐酸、耐碱。钢化玻璃在回炉钢化的同时还可以制成曲面玻璃、吸热玻璃等多种产品。

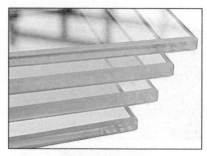

图3-9　钢化玻璃

图3-10　钢化玻璃淋浴房

　　但是，钢化后的玻璃不能再进行切割、加工，只能在钢化前就将玻璃加工至需要的形状，再进行钢化处理。钢化玻璃的表面会存在凹凸不平现象，有轻微的厚度变薄。变薄的原因是因为玻璃在热熔软化后经过快速冷却，使其玻璃内部晶体间隙变小，所以玻璃在钢化后比钢化前要薄。一般情况下，4~6mm厚的平板玻璃经过钢化处理后会变薄0.2~0.5mm。

　　在家居装修中，钢化玻璃主要用于淋浴房（图3-10）、玻璃家具（图3-11、图3-12）、无框玻璃门窗、装饰隔墙、吊顶等构造。钢化玻璃的规格与平板玻璃一致，厚度通常为6~15mm，其中厚度为6mm的钢化玻璃价格为60~70元/m²。钢化玻璃的价格一般要比同规格的普通平板玻璃高20%~30%。

　　在选购钢化玻璃时要注意识别，钢化玻璃可以透过偏振光片在玻璃的边缘上看到彩色条纹，而在玻璃面层观察，可以看到黑白相间的斑

图3-11　钢化玻璃茶几

图3-12　钢化玻璃台柜

★装修顾问★

玻璃清洁与保养方法

在日常生活中，要想保持玻璃光洁明亮，必须经常清洁，平时不要用力碰撞玻璃表面，为了防止玻璃台面划伤，最好铺上台布。

玻璃清洁时，用湿毛巾与干毛巾交替擦拭即可，如遇污迹可用毛巾蘸啤酒或温热的食醋擦除，另外，也可以使用专业的玻璃清洗剂，忌用酸碱性较强的溶液清洁。冬天玻璃表面易结霜，可用毛巾蘸浓盐水或白酒擦拭。有花纹的磨砂玻璃可以用蘸有清洁剂的牙刷，顺着磨砂花纹擦拭。此外，也可以在玻璃上滴点煤油或用粉笔灰蘸水涂在玻璃上晾干，再用干净的布或棉花擦，这样玻璃既干净又明亮。清除玻璃上的油渍，可以先将玻璃全面喷上清洁剂，再贴上保鲜膜，使凝固的油渍软化，10min后撕去保鲜膜，再用湿毛巾擦拭即可。

玻璃家具最好安放在较为固定的位置，不要随意搬动，玻璃家具上要平稳放置物件，沉重物件应放置玻璃家具底部，防止家具重心不稳而翻倒。另外，要避免潮湿，远离炉灶，要与酸、碱等化工试剂隔绝，防止腐蚀变质。在玻璃家具上搁放东西时，要轻拿轻放，切忌碰撞。

点。偏振光片可以借用照相机镜头或眼镜进行观察，观察时注意调整光源方向，这样更容易观察。此外，每块钢化玻璃上都有3C质量的安全认证标志。

2. 夹层玻璃

夹层玻璃是在两片或多片平板玻璃或钢化玻璃之间，嵌夹以聚乙烯醇缩丁醛树脂胶片，再经过热压粘合而成的平面或弯曲的复合玻璃制品（图3-13、图3-14）。

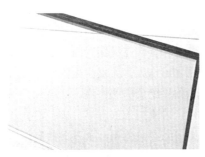

图3-13　夹层玻璃　　　　图3-14　夹层玻璃栏板

夹层玻璃的主要特性是安全性好，一般采用钢化玻璃加工，破碎时玻璃碎片不零落飞散，只产生辐射状裂纹，不至于伤人。抗冲击强度优于普通平板玻璃，防范性好，并有耐光、耐热、耐湿、隔声等性能。

夹层玻璃属于复合材料，还可以采用彩釉玻璃加工，甚至在中间夹上碎裂的玻璃，形成不同的装饰形态。夹层玻璃具有可设计性，既能根据性能要求，自主设计、制作出新的使用形式，如隔声夹层玻璃、防紫外线夹层玻璃、遮阳夹层玻璃、电热夹层玻璃、金属夹层玻璃、吸波型夹层玻璃、防弹夹层玻璃等品种。夹层玻璃的缺点在于玻璃被水浸透后，水分子更容易进入玻璃夹层中，使玻璃表面模糊。

在现代家居装修中，将夹层玻璃安装在门窗上，能起到良好的隔声效果，夹层玻璃能阻隔声波，维持安静、舒适的起居环境，能过滤紫外线，保护皮肤健康，避免贵重家具、陈列品等褪色。它还可减弱太阳光的透射，降低制冷能耗。夹层玻璃受大撞击破损后，其碎块与碎片仍与中间膜粘在一起，不会发生脱落造成伤害。

夹层玻璃的规格与平板玻璃一致，厚度通常为4～15mm，其中厚度为4mm+4mm的夹层玻璃价格为80～90元/m²。如果换用钢化玻璃制作，其价格比同规格的普通平板玻璃要高出40%～50%。

3. 夹丝玻璃

夹丝玻璃又被称为防碎玻璃，是将普通平板玻璃加热到红热软化状态时，再将经过预热处理过的铁丝或铁丝网压入玻璃中间而制成的特殊玻璃。夹丝玻璃所用的金属丝网与金属丝线分为普通钢丝与特殊钢丝两种，普通钢丝规格≥ϕ0.4mm，特殊钢丝规格≥ϕ0.3mm。夹丝网玻璃应采用经过处理的点焊金属丝网（图3-15、图3-16）。

夹丝玻璃的防火性能优越，玻璃遭受冲击或温度剧变时，使其破而不缺，裂而不散，避免棱角的小块碎片飞出伤人，如发生火灾时，夹丝玻璃受热炸裂后仍能保持固定状态，起到隔绝火势的作用，又被称为防火玻璃。此外，夹丝玻璃还具有防盗性，普通玻璃很容易打碎，而夹丝玻璃则不然，即使玻璃破碎，仍有金属线网在起作用，夹丝玻璃的防盗性能给人在心理上带来安全感。夹丝玻璃的缺点是在生产过程中，丝网

图3-15　夹丝玻璃

图3-16　夹丝玻璃

受高温辐射容易氧化，玻璃表面有可能出现黄色锈斑或气泡。其次是透视性不好，因其内部有丝网存在，对视觉效果有一定的干扰。

在家居装修中，夹丝玻璃常用于天窗、天棚顶盖，如阳光房顶部、玻璃雨篷，以及易受震动的门窗上。夹丝玻璃也可以用于室内装修，如背景、隔断、玄关、屏风、门窗等。夹丝玻璃厚度一般为6～16mm（不含中间丝的厚度），产品尺寸一般介于600mm×400mm与2000mm×1200mm之间。其中10mm厚的夹丝玻璃价格为120～150元/m²。在安装过程中，应避免将夹丝玻璃用于温差比较大的环境，夹丝玻璃的安装框架必须合适，避免玻璃受到挤压。

4. 吸热玻璃

吸热玻璃是指保持较高的可见光透过率，且能吸收大量红外辐射的玻璃。吸热玻璃的生产是在普通钠钙硅酸盐玻璃中加入有色氧化物，如氧化铁、氧化镍、氧化钴以及氧化硒等；或在玻璃表面喷涂有色氧化物薄膜，使玻璃带色，并具有较高的吸热性能。

吸热玻璃按颜色可分为灰色、茶色、绿色、古铜色、金色、棕色、蓝色等；按成分分为硅酸盐吸热玻璃、磷酸盐吸热玻璃、光致变色玻璃、镀膜玻璃等。吸热玻璃还可按不同用途进行加工，制成磨光玻璃、钢化玻璃、夹层玻璃、镜面玻璃及中空玻璃等深加工玻璃制品。

吸热玻璃能吸收太阳光辐射与可见光，如6mm厚的蓝色吸热玻璃能挡住50%左右的太阳辐射能，可见光透过率为80%，同样厚度的古铜色玻璃仅为25%。吸热玻璃能使刺目的阳光变得柔和，起到反眩作用。特别是在炎热的夏天，能有效改善室内光照，使人感到舒适凉爽。吸热玻璃还能吸收太阳光的紫外线，它能有效减轻紫外线对人体与室内物品的损害。但是却具有一定的透明度，能清晰地透过玻璃观察室外景物，玻璃色泽经久不变（图3-17）。

吸热玻璃一般用于长期受阳光直射的门窗，尤其在我国南方，日照强烈的地区特别适用。吸热玻璃的规格与钢化玻璃相当，6mm厚的吸热玻璃价格为60～70元/m²。在选购时应注意，阳光经玻璃投射到室内，光线会发生变化，应根据需要选择玻璃的颜色。

5. 热反射玻璃

热反射玻璃是指在平板玻璃表面涂覆金属或金属氧化物薄膜制成的玻璃，薄膜包括金、银、铜、铝、铬、镍、铁等金属及其氧化物，镀膜方法有热解法、真空溅射法、化学浸渍法、气相沉积法、电浮法等。热反射玻璃既具有较高的热反射能力，同时又保持了平板玻璃的透光性，具有良好的遮光、隔热性能（图3-18）。

热反射玻璃对太阳辐射能的反射能力较强。普通平板玻璃的太阳能辐射反射率为7%～10%，而热反射玻璃高达25%～40%。热反射玻璃的遮阳系数小，能有效阻止热辐射，有一定的隔热、保温的效果。热反射玻璃的迎光面具有镜子的特性，而在背光面则具有普通玻璃的透明效果。白天从室内透过热反射玻璃幕墙可以看到室外街景，但室外却看不见室内，可起到屏幕的遮挡作用。晚间的情况正好相反，由于室内光线的照明作用，室内看不见玻璃幕墙外的事物，给人以不受外界干扰的舒

图3-17　吸热玻璃

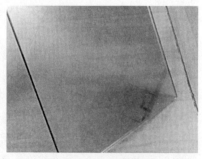

图3-18　热反射玻璃

图3-19　玻璃运输包装　　　　图3-20　玻璃安装标识

★装修顾问★

玻璃产品的运输与安装

玻璃产品应用集装箱或木箱包装。每块玻璃应用塑料袋或纸包装，玻璃与包装箱之间用不易引起玻璃划伤等外观缺陷的轻软材料填实。具体要求应符合国家有关标准。包装标志应符合国家有关标准的规定，每个包装箱应标明朝上、轻搬正放、小心破碎、玻璃厚度、等级、厂名或商标等字样。运输时，装有玻璃的木箱不能平放或斜放，长度方向应与输送车辆运动方向相同，应有防雨等措施（图3-19）。

在安装玻璃时，如果其中一面为封闭状态，要注意在安装前清洁好表面，待其干透后并证实没有污痕方可安装，安装时施工员要记得戴上干净的手套。固定玻璃的部位一般要使用硅酮玻璃胶固定，在门窗构造上安装玻璃，还需要与橡胶密封条等配合使用。在施工完毕后，要注意加贴防撞警告标志，一般可以粘贴不干贴、彩色电工胶布进行提示（图3-20）。

适感，但对不宜公开的场所应用窗帘、贴膜等加以遮蔽。但是，热反射玻璃的可见光透过率低，6mm厚的热反射玻璃的可见光透过率比相同厚度的吸热玻璃少60%。

热反射玻璃一般用于高档住宅的外墙门窗，价格较高，6mm厚的热反射玻璃价格为100～120元/m²。安装施工中要防止损伤膜层，电焊火花不能落到薄膜表面。要防止玻璃变形，以免引起影像变形，此外还要注意消除玻璃反光可能造成的不良后果。

6. 中空玻璃

中空玻璃是由两层或两层以上的平板玻璃原片构成，四周用高强度气密性复合胶粘剂将玻璃、边框、橡皮条粘接，中间充入干燥气体，还可以涂上各种颜色或不同性能的薄膜，框内充以干燥剂，以保证玻璃原片间空气的干燥度。玻璃原片可以采用普通平板玻璃、钢化玻璃、压花玻璃、夹丝玻璃、吸热玻璃、热反射玻璃等品种，其加工方法分为胶接法、焊接法、熔接法等多种（图3-21、图3-22）。

中空玻璃的主要功能是隔热隔声，所以又被称为绝缘玻璃，且防结霜性能好，结霜温度要比普通玻璃低20℃左右。传热系数低，普通玻璃的耗热量是中空玻璃的两倍。优质的中空玻璃其寿命可达25年之久。

近年来，随着人们对住宅节能重要性认识的提高，中空玻璃的应用在我国也受到了重视，具有显著的节能作用。中空玻璃一般用于住宅建筑外墙门窗上，价格较高，4mm＋5mm（中空）＋4mm厚的普通加工中空玻璃价格为100~120元/m^2，同规格的铸造中空玻璃价格为300元/m^{2}以上。

中空玻璃在装饰施工中需要预先订制生产，选购时要注意其光学性能、导热系数、隔声系数均应符合国家标准。目前，用于住宅的中空玻璃中间必须填充惰性气体氩、氪。充填后保温性能更好。此外，还要注意区分中空玻璃与双层玻璃，双层玻璃是将两块玻璃简单地固定在一起，其隔热性能不高，常因潮湿空气进入而致使夹层内起雾发花，甚至结出霉点，于是很多厂商在两片玻璃间夹上带孔的铝条（图3-23），在铝条的孔隙中放上颗粒状干燥剂，但这并未提高双层玻璃的隔热性能，时间久了干燥剂就会失效。识别中空玻璃的方法很简单，在冬季观察玻

图3-21　中空玻璃

图3-22　中空玻璃窗扇样本

图3-23　双层玻璃铝条

图3-24　双层玻璃窗扇

璃之间是否有冰冻显现，在春夏观察是否有水汽存在。此外，嵌有铝条的均为双层玻璃，中空玻璃的外框为塑钢，而非铝合金（图3-24）。

三、装饰玻璃

装饰玻璃是在普通平板玻璃的基础上进行深加工而成的玻璃产品，品种繁多，是现代家居装修的应用热点。

1. 磨砂玻璃

磨砂玻璃是在平板玻璃的基础上加工而成的，一般使用机械喷砂或手工碾磨，也可以使用氢酸溶蚀等方法，将玻璃表面处理成均匀毛面，表面朦胧、雅致，具有透光不透形的特点，能使室内光线柔和且不刺眼。因此，磨砂玻璃又被称为毛玻璃，由于其表面较为粗糙，因此只能透光而不能透视。

磨砂玻璃在生产中以喷砂技术最常见，所形成的最终产品又被称为喷砂玻璃，是采用压缩空气为动力，形成高速喷射束将玻璃砂喷涂到普通平板玻璃表面，其中单面喷砂质量要求均匀，价格比双面喷砂玻璃高。磨砂玻璃加工是先将需要加工的平板玻璃平放在垫有粗呢或棉毯的工作台上，再在玻璃面上堆放适量的细金刚砂，用粗瓷碗反扣住金刚砂，用双手轻压碗底转圈推动。研磨操作应从四周边角开始逐步移向中间，直至把玻璃面研磨呈均匀的乳白色，达到透光不透视的效果即可（图3-25、图3-26）。

磨砂玻璃由于其透光不透视的性能，多用于需要隐秘或不受干扰的空

图3-25　磨砂玻璃（一）

图3-26　磨砂玻璃（二）

间，如厨房、卫生间、卧室等空间的门窗、灯箱、局部装饰构造。磨砂玻璃的规格与平板玻璃相当，5mm厚的双面磨砂玻璃价格为40~50元/m²。选购磨砂玻璃时，要注意玻璃的表面磨砂效果要保持均匀，无透亮点。

2. 压花玻璃

压花玻璃又被称为花纹玻璃或滚花玻璃，是采用压延法制造的一种平板玻璃，制造工艺分为单辊法与双辊法。单辊法是将玻璃液浇注到压延成型台上，台面可以用铸铁或铸钢制成，台面或轧辊刻有花纹，轧辊在玻璃液面碾压，制成的压花玻璃再冷却成形。双辊法生产压花玻璃又分为半连续压延与连续压延两种工艺，玻璃液通过水冷的一对轧辊，随辊子转动向前拉引后冷却，一般下辊表面有凹凸花纹，上辊是抛光辊，从而制成单面有图案的压花玻璃（图3-27、图3-28）。

压花玻璃又可分为普通压花玻璃、真空镀膜压花玻璃、彩色压花玻璃三种。普通压花玻璃表面有各种图案花纹，真空镀膜压花玻璃给人美

图3-27　压花玻璃样本

图3-28　压花玻璃茶几

观、素雅、清新的感觉，花纹立体感强，彩色膜压花玻璃的花纹图案立体感更强，配置灯光效果更佳。

压花玻璃的基本性能与普通透明平板玻璃相同，仅在光学上具有透光不透视的特点，表面凹凸不平而具有不规则的折射光线，可将集中光线分散，可使光线柔和，具有隐私保护作用，并能形成一定的装饰效果（图3-29～图3-32）。

压花玻璃主要适用于住宅室内需要阻断视线的部位，或用于墙、顶面装饰造型。压花玻璃的规格与平板玻璃相当，5mm厚的压花玻璃价格为40～100元/m²，具体价格根据花形不同而有区别。选购压花玻璃时，注意观察玻璃上气泡应＜10个/m²，不允许有夹杂物，表面上受压辊损伤造成的伤痕应＜4条/m²。

3. 雕花玻璃

雕花玻璃又被称为雕刻玻璃，是在普通平板玻璃上，利用空气压缩机的强气流在玻璃上冲出各种深浅不同的痕迹、图案或花纹的玻璃（图

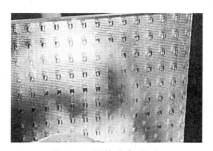

图3-29　压花玻璃（一）

图3-30　压花玻璃（二）

图3-31　压花玻璃（三）

图3-32　压花玻璃（四）

图3-33　雕花玻璃

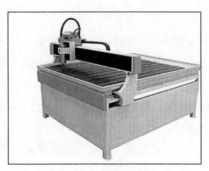

图3-34　雕花玻璃设备

3-33、图3-34）。

　　雕花玻璃分为人工雕刻与电脑雕刻两种，其中人工雕刻是利用娴熟刀法的深浅与转折配合，能表现出玻璃的质感，使所绘图案给人呼之欲出的感受；电脑雕刻又分为机械雕刻与激光雕刻，其中激光雕刻的花纹细腻，层次丰富。

　　雕花玻璃是现代艺术玻璃的基础，一般为凹雕花纹玻璃，雕花通常不磨光。雕花图案透光不透形，有立体感，层次分明，效果高雅，可以配合喷砂效果来处理，图形、图案丰富。而在家居装修中，雕花玻璃就很有品位了，所绘图案一般都具有个性创意，能够反映家居空间的情趣，表现业主对美好事物的追求。

　　雕花玻璃适用于住宅室内需要阻断视线的部位，或用于墙、顶面装饰造型。雕花玻璃的规格与平板玻璃相当，但是厚度较大，8mm厚的雕花玻璃价格为200～500元/m^2，电脑雕刻产品价格更高，可达到1000元/m^2以上，具体价格根据花形不同而有区别。选购雕花玻璃时，要注意花纹中是否存在裂纹或缝隙，这些瑕疵都会影响到玻璃自身的强度。

4. 彩釉玻璃

　　彩釉玻璃又被称为烤漆玻璃，是在平板玻璃或压花玻璃表面涂敷一层易熔性色釉，然后加热到釉料熔化的温度，使釉层与玻璃表面牢固地结合在一起，经烘干、钢化处理而制成的玻璃装饰材料（图3-35、图3-36）。

图3-35 彩釉玻璃（一）

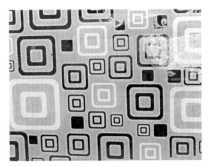

图3-36 彩釉玻璃（二）

彩釉玻璃釉面永不脱落，色泽及光彩保持常新，背面涂层能抗腐蚀、抗真菌、抗霉变、抗紫外线，能耐酸、耐碱、耐热、防水、不老化，更能不受温度与天气变化的影响。它可以制成透明彩釉，聚晶彩釉、不透明彩釉等品种。彩釉玻璃颜色鲜艳，个性化选择余地大，超过上百余种可供挑选。

目前市面上又出现了烤漆玻璃，工艺原理与彩釉相同，但是漆面较薄，容易脱落，价格相对较低。彩釉玻璃的规格与平板玻璃相当，5mm厚的彩釉玻璃价格为100~120元/m^2。彩釉玻璃以压花形态的居多，具体价格根据花形、色彩、品种不等，但整体较高，适合小范围使用，如装饰背景墙、立柱等，背后应衬托其他装饰材料才能完美体现玻璃的质地，如壁纸或木纹板材等。

5. 变色玻璃

变色玻璃又被称为七彩玻璃，是在适当波长光的辐照下改变其颜色，而移去光源时则恢复其原来颜色的玻璃。又称光致变色玻璃或光色玻璃，是在玻璃原料中加入光色材料制成。

变色玻璃具有两种不同的分子或电子结构状态，在可见光区有两种不同的吸收系数，在光的作用下，可从一种结构转变成另一种结构，导致颜色的可逆变化。常见的含卤化银的变色玻璃，是在钠铝硼酸盐玻璃中加入少量卤化银作为感光剂，再加入微量铜、镉离子作增感剂，熔制成玻璃后，经适当温度热处理，使卤化银聚成微粒状而制得。卤化银变色玻璃的特点是不容易疲劳，经历30万次以上明暗变化后，依然不失

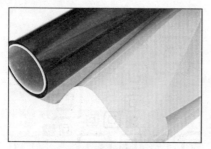

图3-37　玻璃贴膜（一）

图3-38　玻璃贴膜（二）

★装修顾问★

玻璃贴膜

　　玻璃贴膜是指粘贴在玻璃表面的聚酯基片（PET），它是一种耐久性强、坚固耐潮、耐高、低温性均佳的塑料材料（图3-37、图3-38）。

　　玻璃贴膜可阻隔透过普通玻璃的有害紫外线，延长家中家具、饰物等的使用期。装贴于玻璃窗内侧的半透明或白昼单项透视膜既能让光线透入，窗外景观清晰可辨，又能遮挡他人窥视，保护私密空间。玻璃贴膜还可以防止自然灾害与人为破坏，构成一道隐形防护网，减少人身伤害，保护财产。玻璃贴膜使用极其方便，可纵横、曲面、垂直装贴，广泛应用于各种住宅。玻璃贴膜价格低廉，一般为3～5元/m²。

　　在玻璃贴膜安装后7d内，不能用水擦洗贴膜玻璃。在贴膜玻璃上不可用吸盘悬挂或粘贴任何物品。清洁时可以喷洒清洗液，用软性橡胶玻璃刮从上至下水平刮擦窗膜直至干燥，再用毛巾擦干玻璃膜边缘。

效，也是制作变色眼镜的常用材料（图3-39、图3-40）。

　　变色玻璃的着色、褪色是可逆的，并且经久不疲劳、不劣化。如果

图3-39　变色玻璃（一）

图3-40　变色玻璃（二）

改变玻璃的组成成分、添加剂及热处理条件，则可以改变变色玻璃的颜色、变色、褪色速度及平衡度等性能。

用变色玻璃制作门窗玻璃，可使烈日下透过的光线变得柔且有阴凉感，在住宅装修能中起到环保节能的作用。变色玻璃的规格与平板玻璃相当，5mm厚的变色玻璃价格为100~120元/m^2。

6. 镭射玻璃

镭射玻璃是在玻璃或透明有机涤纶薄膜上涂敷一层感光层，利用激光在上刻划出任意的几何光栅或全息光栅，镀上铝或银，再涂上保护漆而制成。镭射玻璃是国际上十分流行的一种新型装饰材料（图3-41、图3-42）。

镭射玻璃处于任何光源照射下，都会产生色彩变化，而且对于同一受光点或受光面而言，随着入射光角度及观察视角的不同，所产生光的色彩与图案也不同。镭射玻璃五光十色的变幻给人以神奇、华贵、迷人的感受。

镭射玻璃大体上可分为两类，一类是以普通平板玻璃为基材制成，主要用于墙面、顶棚、门窗等部位的装饰；另一类是以钢化玻璃为基材制成，主要用于地面装饰。

镭射玻璃的技术性能十分优良。钢化镭射玻璃的抗冲击、耐磨、硬度等性能均优于大理石，与花岗岩相近。镭射玻璃的耐老化寿命是塑料的10倍以上，在正常使用情况下，寿命达50年。镭射玻璃的反射率在10%~90%的范围内任意调整。镭射玻璃用途广泛，在家居中更适合

图3-41　镭射玻璃涂层颜料

图3-42　镭射玻璃

用作点缀之用，镭射玻璃的规格与平板玻璃相当，5mm厚的镭射玻璃价格为200～300元/m^2。

第四章　成品构件

第四章 成品构件

成品构件是家居装修后期安装工程的重点，主要包括卫生洁具、成品设备、成品门窗三类。成品构件的门类、品牌繁多，在选购时往往令人不知所措。除了关注各种构件的外观、样式，还要注重产品质量，在安装之前就要正确识别各种构件的品质，避免安装以后才发现上当受骗。

一、卫生洁具

卫生洁具是现代家居装修中不可缺少的重要组成部分，既要满足功能使用，又要考虑节能、节水要求。卫生器具的材质主要是陶瓷、搪瓷生铁、搪瓷钢板等。卫生洁具的五金配件也由一般的镀铬表面发展到全铝合金、不锈钢等多种材料，以获得更加美观的视觉效果。

1. 洗面盆

洗面盆是卫生间必备洁具，其种类、款式、造型非常丰富，洗面盆可以分为台盆、挂盆、柱盆，而台盆又可分为台上盆、台下盆、半嵌盆（图4-1）。传统的台下盆价格最低，能满足不同的消费需求，最近流行的台上盆造型就更丰富了。

洗面盆价格相差悬殊，档次分明，从几十元到过万元的产品都有。影响洗面盆价格的主要因素有品牌、材质与造型。普通陶瓷洗面盆价格较低，而不锈钢、钢化玻璃等材料制作的洗面盆价格比较高。其中陶瓷洗面盆使用频率最多，占据90%的市场，陶瓷材料保温性能好，经济耐用，但是色彩、造型变化较少，基本都是白色，外观以椭圆形、圆形、方形为主。

1）陶瓷洗面盆

陶瓷洗面盆一直是市场的首选，经济实惠，现代陶瓷面盆新产品造型完美，不乏个性，与不锈钢、玻璃、石材洗面盆相比，价格要低很多（图4-2）。

2）不锈钢洗面盆

不锈钢洗面盆与卫生间内其他钢质浴室配件一起，烘托出特有的现

图4-1 半嵌洗面盆

图4-2 陶瓷洗面盆

代感。市场上销售不锈钢面盆的厂家并不多，且价格偏贵，其突出优点是容易清洁（图4-3）。

3）玻璃洗面盆

玻璃洗面盆晶莹透明，款式新颖，可以与洗面台连为一体。现在市场上出售的玻璃洗面盆壁厚有12mm、15mm、19mm等几种。玻璃面盆的清洁保养与普通陶瓷面盆没有区别，只是注意不要用重物撞击或锐器刻画即可（图4-4）。

此外，洗面盆还有其他类型，例如，角形洗面盆占地面积小，一般适用于较小的卫生间，安装后使卫生间有更多的空间。普通洗面盆适用于卫生间的一般性装饰，经济实用，但谈不上美观。立式洗面盆适用于面积不大的卫生间，能与其他豪华卫生洁具相匹配。有沿台式洗面盆与无沿台式洗面盆适用于空间较大且装修较高档的卫生间使用，台面可采用大理石或花岗岩材料。

图4-3 不锈钢洗面盆

图4-4 钢化玻璃洗面盆

　　在选购洗面盆时应根据卫生间环境与生活习惯确定洗面盆的款式，卫生间面积小的，一般选购立柱洗面盆，面积较大的，可以选购台盆并自制台面配套。目前，比较流行的是厂家预制生产的成品台面、浴室柜及配套产品，造型美观，方便实用（图4-5、图4-6）。

　　对于销量最大的陶瓷洗面盆而言，最重要的是注意陶瓷釉面质量，优质产品的釉面不容易挂脏，表面易清洁，长期使用仍光洁如新。选购时可以对着光线，从陶瓷的侧面多角度观察，优质产品的釉面应没有色斑、针孔、砂眼、气泡，表面非常光滑。可以在陶瓷洗面盆表面滴上酱油等有色液体，待30min后擦拭，也可以用360号砂纸在表面打磨，优质产品表面均无任何痕迹（图4-7、图4-8）。

　　此外，吸水率也是陶瓷洗面盆的重要指标，吸水率越低的产品越好，低档陶瓷产品吸水后会产生膨胀，容易使陶瓷釉面产生龟裂，脏物与异味容易吸入陶瓷，一般吸水率<3%的产品为高档陶瓷洗面盆。

图4-5　洗面盆套装台柜

图4-6　洗面盆套装台柜

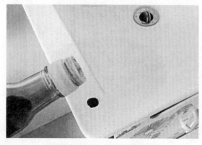

图4-7　酱油测试

图4-8　砂纸打磨

2. 蹲便器

蹲便器是指使用时以人体为蹲式特点的便器,蹲便器一般为陶瓷制品,结构简单、价格低廉(图4-9)。蹲便器在家居装修中主要用于公共卫生间,选购时一般还需购置配套水箱。

蹲便器结构分为有存水弯与无存水弯两种。有存水弯是利用横向S型弯管,造成水封构造,防止排水管中的气体倒流。带存水弯构造的蹲便器价格较高,安装时要在底部预留管道布设空间,其高度一般应≥200mm。蹲便器价格一般为60~200元/件。

选购蹲便器要注意识别质量,首先,触摸产品表面,优质蹲便器表面的釉面与坯体都比较细腻,手摸表面不会有凹凸不平的感觉,而低档产品的釉面比较暗(图4-10)。在手电筒照射下,会发现有毛孔,釉面与坯体都比较粗糙(图4-11)。然后,用卷尺测量宽度是否一致(图4-12),也可以掂量重量,优质产品采用高温陶瓷,材料结构致密,重量较大,而低档产品重量较轻。接着,检查吸水率,用酱油等

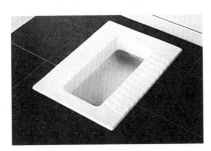

图4-9 蹲便器

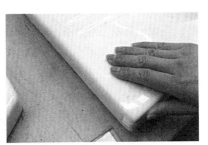

图4-10 触摸釉面

图4-11 手电筒照射釉面

图4-12 测量尺寸

图4-13 背部坯体

图4-14 安装平整

有色液体滴在蹲便器坯体表面，优质产品应不吸水，因此不会发生釉面龟裂或局部漏水现象，而低档产品容易吸水。最后，关注蹲便器的背部坯体的平整度（图4-13）。安装时，应将蹲便器平整放置在相应位置，用水平尺校正平整，这是影响冲水后是否干净的最大因素（图4-14）。

3. 坐便器

坐便器是指使用时以人体为坐式特点的便器，坐便器一般为陶瓷制品。坐便器外观呈封闭结构，安装后造型美观，具有很高的卫生保洁功能，是现代家居卫生间装修的首选产品（图4-15、图4-16）。

坐便器价格差距很大，中档产品一般为800～1200元/件。根据工作原理，坐便器有以下两种。

1）直冲式坐便器

直冲式坐便器是利用水流的冲力进行排冲，一般池壁较陡，存水面积较小，这样水力集中，便圈周围落下的水力加大，冲污效率高。直冲式

图4-15 传统坐便器

图4-16 微电脑坐便器

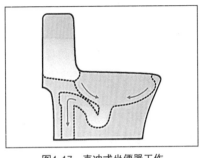

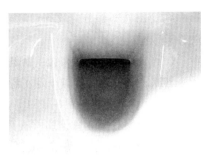

图4-17　直冲式坐便器工作　　　　图4-18　直冲式坐便器构造

坐便器冲水管路简单，路径短，管径粗，利用水的重力加速度就能排冲干净，不容易造成堵塞。但是，直冲式坐便器最大的缺陷就是冲水噪声大，还有由于存水面较小，易结垢，防臭功能不理想（图4-17、图4-18）。

2）虹吸式坐便器

虹吸式坐便器的结构是排水管道呈横向S型弯管，在排水管道充满水后会产生一定的水位差，借冲洗水在便器排污管内产生吸力达到排冲目的，由于虹吸式坐便器池内存水面较大，所以冲水噪声较小（图4-19、图4-20）。

虹吸式坐便器还分为漩涡式虹吸、喷射式虹吸两种。漩涡式虹吸坐便器的水口设于坐便器底部的一侧，冲水时水流沿池壁形成漩涡，这样会加大水流对池壁的冲洗力度，也加大了虹吸的吸力，更利于冲排。喷射式虹吸坐便器在虹吸式坐便器基础上进一步加以改进，在底部增加一个喷射口，对准排污口中心，冲水时一部分水从便圈周围的

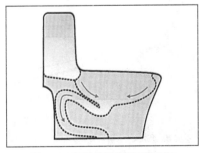

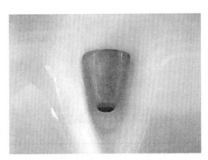

图4-19　虹吸式坐便器工作示意　　　图4-20　虹吸式坐便器构造

布水孔流出，一部分由喷射口喷出，能产生较大水流冲力，达到更好的冲排效果。

虹吸式坐便器的最大优点就是冲水噪声小，存水较高，防臭效果优于直冲式，缺点是要具备一定水量才可达到冲净的目的，每次至少要用8~9L水，比较费水（图4-21）。

选购坐便器要注意识别质量，具体方法与蹲便器选购类似。首先，要注意节水效果，更多要注意选择节水产品，目前市场上的坐便器冲水量一般为10L左右，对水源的污染与浪费极其严重，选购坐便器时应选用冲洗量为6L的节水型坐便器，一般以虹吸式坐便器为主。然后，确定安装尺寸，要预先测量下水口中心距毛坯墙面的距离，一般以300mm与400mm两种尺寸为主。接着，注意坐便器的构造，坐便器有连体式与分体式两种，连体式坐便器外部没有连接部分，清洁方便，安装容易，但价格较贵。分体式坐便器由水箱与底座两部分组成，在连接处可能会造成污垢，不宜清洁，但价格便宜（图4-22）。最后，注意配套制品的风格、色调应与卫生间其他设备匹配，卫生间的陶瓷制品很多，如坐便器、洗面器、皂盒、手纸盒、拖布池等，其造型颜色应一致或接近，以达到和谐、美观。

在日常生活中，要注意坐便器的保洁。最简单、有效的清洁方式是用卫生纸铺满坐便器内、外有污垢的部位，再倒上洁厕灵，过30min后用刷子将坐便器来回刷洗，连卫生纸一起刷，然后用水冲洗，洁净效果非常理想。注意卫生纸一定要铺匀，洁厕灵要在卫生纸上均匀散开。保洁完毕

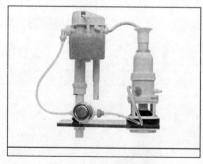

图4-21　坐便器冲水构造

图4-22　分体式坐便器

后，应将刷子挂起来，不能随意放在角落里，更不要随意放在容器中。

4. 浴缸

浴缸是安装在卫生间的洗浴设备，一般放置在面积较大的卫生间内，靠墙角布置，洗浴时注入大量的水，根据生活习惯进行选用。

浴缸布置形式有搁置式、嵌入式、半下沉式三种。搁置式浴缸一般将浴缸靠墙角搁置，施工方便，容易检修，适用于地面已装修完毕的卫生间。嵌入式浴缸是将浴缸嵌入台面，台面有利于放置各种洗浴用品，但占用空间较大。半下沉式浴缸是将浴缸的一部分埋入地下或带台阶的高台中，浴缸上表面比卫生间地面或台面高约300mm，使用时出入方便。中档浴缸价格为2000~3000元/件。目前，市场上常见的浴缸产品有以下几种。

1）亚克力浴缸

亚克力浴缸采用人造有机材料制造，特点是造型丰富，重量轻，表面光洁度好，且价格低廉，但是耐高温能力差，不耐磨，表面易老化。就整体而言，亚克力浴缸性价比较高（图4-23）。

2）铸铁浴缸

铸铁浴缸采用铸铁制造，表面覆搪瓷，所以重量非常大，使用时不易产生噪声，便于清洁。由于铸造过程比较复杂，自重较大，所以铸铁浴缸的造型比较单一且价格昂贵（图4-24）。

3）木质浴缸

木质浴缸常选用木质硬、密度大、防腐性能佳的材质，如云杉、橡

图4-23 亚克力浴缸

图4-24 铸铁浴缸

木、松木、香柏木等，一般以香柏木最常见。木质浴缸具有容易清洗、不带静电、环保天然等优点。由于木质浴缸喜湿怕干，要时常用清水浸润，避免暴晒（图4-25）。

　　4）钢板浴缸

　　钢板浴缸是制造浴缸的传统材质，钢板缸是由整块2～3mm厚的专用钢板经冲压成型，表面再经搪瓷处理，它具有耐磨、耐热、耐压等特点，重量介于铸铁缸与亚克力缸之间，保温效果低于铸铁缸，但使用寿命长，整体性价比较高，只是保温效果差，注水时噪声大，造型较单调（图4-26）。

　　选购浴缸要注意识别质量。首先，观察表面，注意产品的光泽度，抚摸表面平滑度，通过表面光泽了解材质的优劣，这种甄别方法适用于选购任何一种材质的浴缸。劣质产品表面会出现细微的波纹。然后，可以按压浴缸，浴缸的坚固度关系到材料的质量与厚度，有重力的情况下，如用力按压浴缸表面，看是否有下沉的感觉（图4-27）。接着，敲击浴缸，仔细听声音，优质产品应干脆、硬朗（图4-28）。对于按摩浴

图4-25　木质浴缸

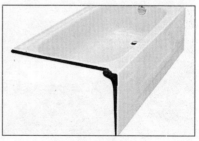

图4-26　钢板浴缸

图4-27 按压浴缸

图4-28 敲击浴缸

缸，可以接通电源，仔细听电动机的噪声是否过大。最后，关注售后服务，如是否提供上门测量、安装服务等。

此外，还要注意浴缸尺寸与卫生间面积是否匹配，同时也应与使用者的身高相适应，浴缸长度一般应≥1350mm。

5. 淋浴房

淋浴房又被称为淋浴隔间，是充分利用室内一角，用围屏将淋浴范围清晰划分出来，形成相对独立的洗浴空间。

淋浴房按形式可分为转角形淋浴房、一字形淋浴房、圆弧形淋浴房、浴缸上淋浴房等；按底盘的形状分方形、全圆形、扇形、钻石形淋浴房等；按门结构分移门（图4-29）、折叠门（图4-30）、平开门（图4-31）淋浴房等。目前，市场上比较流行整体淋浴房，带蒸汽功能的整体淋浴房又被称为蒸汽房。与传统淋浴房相比，整体淋浴房有顶盖、围屏、盆底组成，款式丰富，其底盆质地有陶瓷、亚克力、人造石等，底坎或底盆上安装塑料或钢化玻璃。普通淋浴房价格为2000~5000元/件，整体淋

图4-29 移门淋浴房

图4-30 折叠门淋浴房

图4-31 平开门淋浴房

浴房价格很高，甚至达2万元/件（图4-32）。

　　淋浴房可以在卫生间内划分出独立的淋浴空间，避免淋浴影响其他卫生间活动，尤其是淋浴时水不会溅到外面将整个卫生间地面弄湿。冬季使用淋浴房还能起到保温的作用。水汽聚在一个狭小的空间里，热量不至于很快散失，让人感到很暖和。淋浴房造型丰富，色彩鲜艳，玻璃颜色可以随意搭配，能与卫生间色彩融为一体。

　　选购淋浴房要注意识别质量。首先，观察玻璃，看玻璃是否通透，有无杂点、气泡等缺陷，玻璃原片上是否有3C标志认证（图4-33）。然后，观察金属配件，看铝材的表面是否光滑，有无色差、砂眼，并注意剖面的光洁度（图4-34）。淋浴房铝材需要支撑玻璃的重量，合格的淋浴房铝材厚度均在1.5mm以上，铝材的硬度可以通过手压铝框测试，成人很难用手压使其变形。而回收的废旧铝材表面的处理光滑度不够，会有明显色差与砂眼，特别剖面的光洁度偏暗。滑轮的轮座要使用抗压、耐重的材料，如304不锈钢。轮座的密封性要好，水汽不容易进入，轮子的顺滑性才能得到保障。滑轮与轨道要配合紧密，缝隙小（图4-35），在受到外力撞击时不容易脱落，避免安全事故。接着，观察连墙配件的调节功能，墙体的倾斜与安装的偏移均会导致玻璃发生扭曲，从而发生玻璃自爆现象。因此，连墙材要有纵横方向的调整功能，让铝材配合墙体与安装的扭曲，消除玻璃的扭曲，避免玻璃的自爆。最后，观察淋浴房的水密性，主要观察的部位是淋浴房与墙的连接处、门与门的接缝处、合页处、淋浴房与底盆的连接处、胶条处等（图4-36、图4-37）。此外，

图4-32　整体淋浴房

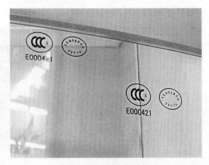

图4-33　3C标志认证

图4-34 触摸铝材表面

图4-35 滑轮与轨道

图4-36 淋浴房接缝（一）

图4-37 淋浴房接缝（二）

★装修顾问★

淋浴房钢化玻璃自爆

　　合格的淋浴房均采用钢化玻璃，如果使用普通玻璃制作淋浴房，玻璃一旦损坏，玻璃破片呈大面积、大体积破片，会对人体造成极大的伤害。虽然全钢化也可能发生自爆，但爆裂后的碎片大小完全控制在国家标准范围内，如果选用半钢化，碎片过大，同样会对人体造成严重伤害。同时，淋浴房玻璃需要五金件夹固，半钢化玻璃由于坚固度明显下降，不但不能降低自爆率，反而在五金件的紧固作用下会增加自爆的可能性。

　　由于钢化玻璃自爆是其固有特性，理论上不能排除这种可能性，因此可以选用防爆膜，或采用防爆夹胶玻璃，以降低对人体的伤害。

　　购买带蒸汽功能的淋浴房时应关注蒸汽机与电脑控制板的质量，在购买时一定要问清蒸汽机与电脑芯片的保修时间。

　　在日常使用中，淋浴房要注意保洁。清洁淋浴房的四壁及底盘时，一般用柔软的干布擦拭即可，如有轻微污垢，可以用柔软的布或海绵沾中性清洁剂进行清洗，在清除顽垢时，可以用酒精清除。但不宜采用酸

★**装修顾问**★

卫浴洁具五金件镀层

卫浴洁具的配件多选用不锈钢配件或铜配件，其中不锈钢配件以304不锈钢为最好。不锈钢配件主要是硬度好、承载力高、不易氧化、美观高档、易于保养、使用寿命长。很多厂家追求利润最大化而选用204不锈钢，它抗腐蚀能力差，容易氧化，金属表面受到不断锈蚀，其使用寿命会大打折扣（图4-38）。

影响铜配件质量的重要因素是电镀的质量，五金件镀层一般应达到8层工艺，第一层镀碱铜、第二层镀胶铜、第三层镀酸铜、第四层镀半光镍、第五层镀全光镍、第六层镀镍锋、第七层镀铬、第八层作12h封油，保护所有镀层，其表面不会出现黑点、起泡、脱层等不良现象，保证电镀层与基材的使用寿命。

性、碱性溶剂、丙酮稀释剂等溶剂、去污粉等，否则会对人体产生不良影响。注意定期清洁滑轨、滑轮、滑块，加注润滑剂，定期调整滑块的

图4-38　不锈钢卫生洁具

调节螺丝，保证滑块对活动门的有效承载与滑动。特别注意不要用硬物撞击玻璃表面，特别是边角，不要用强酸、强碱等腐蚀性溶液擦拭玻璃表面，以免破坏表面光泽，不要用金属丝擦拭玻璃表面，以避免出现划痕，防止阳光的直射。

6. 水槽

水槽又被称为洗菜盆，是专用于厨房橱柜安装的洁具。厨房水槽品种繁多，按款式可分为单盆、双盆、大小双盆、异形双盆等。目前，多数水槽都采用不锈钢材料制作，不锈钢材质表现出来的金属质感颇有些现代气息，

更重要的是不锈钢易于清洁，面板薄、重量轻，而且还具有耐腐蚀、耐高温、耐潮湿等优点（图4-39、图4-40）。中档不锈钢水槽的价格为500~1000元/件。

不锈钢水槽的生产工艺有焊接与整体冲压两种。焊接不锈钢水槽面板造型可多样化，工厂生产模具投入成本少，水槽面板可采用拉丝原材料或压花材料，美观大方。但是对不锈钢有损伤，容易破坏不锈钢的分子结构，其耐腐蚀性能被降低，浪费大，成本高。整体冲压不锈钢水槽是在一块材料上通过组合模具直接拉伸，而形成两个槽体的工艺，整体冲压水槽的优点在于节省材料、成本，可以生产出异形水槽，美观大方，但是模具成本较高，表面处理难度大，不易制成压花、拉丝等效果。

不锈钢水槽具有耐酸、耐碱、耐氧化、经久耐用等优点，表面美观，能经常保持光亮如新。材料坚固而有弹性，耐冲击和磨损，不损伤被清洗的器皿。且实用功能多、轻便，通过精密加工，可制成不同造型款式，能与各类不同厨房台面配套。不锈钢水槽底部应喷上涂层，这是为了防温差、凝露，保护橱柜，同时可以降低落水噪声。

选购不锈钢水槽要注意识别质量。首先，观察水槽的焊接质量，优质水槽不会脱焊。一般双槽深度超过180mm的产品都是经过焊接的水槽，焊接部位的表面应特别光滑，且有光泽，没有污渍，容易清洁（图4-41）。然后，观察水槽不锈钢板的厚度，水槽盆底厚度一般为1mm，<0.8mm水槽容易变形，>1mm容易损害餐具（图4-42）。接着，观察水槽表面的光洁度，不锈钢水槽的表面有高光、砂光、亚光3

图4-39　不锈钢水槽（一）

图4-40　不锈钢水槽（二）

种，高光水槽的光泽度比较好，但是容易留下划痕，砂光水槽比较耐磨，但是容易积累污渍，亚光水槽集合了高光与砂光的优点，很受青睐。最后，注意水槽的排水配件，质地应平滑、浑厚，可以有效防止接合处渗水（图4-43、图4-44）。

装修后初次使用水槽时，应先放水10min，将水管内的杂质排放干净，并用软布将水槽表面擦拭干净。最好连续每天试水2~3次，保证将杂质排放干净。不要长时间将软铁硬物或生锈品与水槽接触，不用强酸、强碱在水槽内清洗物品，每次使用后将槽体清洗干净并用抹布擦干。如果水槽表面出现浮锈，应及时用滑石粉、除锈水或360号砂纸打磨。在日常使用中，水槽也要注意保洁，使用完毕后应立即清洁，尽量不让水滴留在水槽表面，因为高铁成分的水会产生浮锈，矿物质含量较高的水会产生白膜。如果在水槽底部出现矿物沉淀，可先用稀释的醋去除，后用水冲净。不能将橡胶盘垫、湿海绵或清洁片整晚留在水槽里。此外，注意含氟、硫、氢氯酸的家用清洁剂、食品都会对水槽产生危害。

图4-41　水槽接缝

图4-42　水槽厚度

图4-43　排水配件（一）

图4-44　排水配件（二）

★装修顾问★

卫生洁具安装要点

1. 洗面盆。注意构件应平整无损裂。洗面盆与排水管连接后应牢固密实，且便于拆卸，连接处不能敞口。洗面盆与墙面接触部位应用玻璃胶嵌缝，安装时不能损坏表面镀层。安装壁挂盆时，墙体必须是承重墙，否则墙体厚度应>100mm。

2. 坐便器、蹲便器。要确定坐便器、蹲便器的规格与排水管距离相符，以排水管口与便器排污口为中心，在地面上划出底座位置线与底脚螺栓安装位置。用橡胶密封圈作排水管四周防水封口。在地面底座所占位置边缘涂抹玻璃胶作安装时密封或调整坐便器水平之用。坐便器底座两侧底脚螺栓稍带紧即可，不宜过紧，以防底座瓷器开裂。安装水箱必须保持进水立管、溢流管垂直，不能歪斜，安装扳手连杆和浮球时，上下动作必须无阻，动作灵活。连接进水口的金属软管时，不能用力过大，以通水时不漏为宜，以免留下爆裂漏水的隐患。水箱进水阀距地面高度为150~200mm。坐便器底座禁止使用水泥安装，以防水泥的膨胀特性造成底座开裂，安装完毕作通水试验，并做好保护措施。

3. 浴缸、淋浴房。检查安装位置底部及周边防水处理情况，检查侧面溢流口外侧排水管的垫片和螺帽的密封情况，确保密封无泄漏，检查排水拉杆动作是否操作灵活。铸铁、亚克力浴缸的排水管必须采用硬质PVC管或金属管道，插入排水孔的深度>50mm，经放水试验后证明无渗漏再进行正面封闭，在对应下水管部位留出检修孔。浴缸周边的墙砖必须在浴缸安装好以后再进行镶贴，使墙砖立于浴缸周边上方，以防止水沿墙面渗入浴缸底部。墙砖与浴缸周边应留出1~2mm嵌缝间隙，避免热胀冷缩等因素使墙砖和浴缸瓷面产生爆裂。浴缸安装的水平度必须≤2mm，浴缸水阀门的安装必须保持平整，开启时水流必须超出浴缸边缘溢流口处的金属盖，按摩浴缸的电源必须采用插座连接。安装完毕后必须用塑料薄膜封好，上方开口要用胶合板盖好，以防硬物坠落造成表面损坏。

4. 水槽。水槽底部下水口平面必须装有橡胶垫圈，并在接触面处涂抹少量厚白漆。水槽地面的下水管必须高出橱柜底板100mm，便于排水管的连接与封口，下水管必须采用硬质PVC管连接，严禁采用软管连接，且安装相应的存水弯。水槽与水阀门的连接处必须装有橡胶垫圈，以防水槽上的水渗入下方，水阀门必须紧固不能松动，在水槽与台面的接触面涂抹一层玻璃胶作防渗密封处理。

总之，安装卫生洁具不能破坏防水层，已经破坏或没有防水层的，要先作好防水，并经12h渗漏试验。各类洁具须固定牢固，管道接口严密。

二、成品设备

成品设备主要是指在装修中安装的各种家具、电器产品，这些产品的规格、形式与装修紧密相关，其质量也直接影响家居装修的正常使用。

1. 整体橱柜

整体橱柜又被称为厨房家具，是家居厨房内集烹、洗、储物、吸油烟等综合功能于一体的成品设备。整体橱柜主要有地柜、吊柜、高柜三大类，其功能包括洗涤、料理、烹饪、存贮四种。橱柜一般由台面、门板、柜体、电器、水槽、五金配件构成（图4-45、图4-46）。

整体橱柜有机地将厨房内的能源、上下设施合理结合，既完成烹调工作，对人体无害，同时又具备美化环境的功能。使洗、切、烧、存储的功能都能在一系列整体橱柜系统中完成，基本达到科学化、整体化的程度。中档整体橱柜的价格一般为2000~3000元/直米。

整体橱柜的选购重点主要集中在门板、台面、五金配件三个方面。

1）门板

整体橱柜的门板样式繁多，是判定橱柜品质的根本，橱柜的柜体多采用中密度防潮纤维板制作，而门板因经常开关使用，在材料与品质上存在很大差异。整体橱柜的门板一般有实木型、覆面型、烤漆型等三种。

实木制作橱柜门板，多为古典风格，通常价位较高。实木门又分为实木芯板门与实木贴皮门，一般门框都为实木，以樱桃木色、胡桃木

图4-45　整体橱柜（一）

图4-46　整体橱柜（二）

色、橡木色为主（图4-47）。门芯为中密度板贴实木皮或实木门芯，制作中一般在实木表面加工成凹凸造型，外部喷漆，从而保持了原木本色且造型优美。这样既能保证实木的特殊视觉效果，边框与芯板组合又能保证门板强度。

覆面型门板应用最为普及，在中密度防潮纤维板的表面涂覆胶粘剂后，将各种装饰板、贴纸粘贴在门板表面，周边采用塑料、金属边框进行密封装饰（图4-48）。覆面型门板表面色彩、造型丰富，不开裂不变形，耐划、耐热、耐污、防褪色，是非常成熟的橱柜门板，且日常维护简单。较高档的橱柜还采用金属板或仿金属板，具有极好的耐磨、耐高温、抗腐蚀性。

烤漆门板是以密度板为基础，在表面经过6次油漆喷涂，再经过高温烤制而成（图4-49）。烤漆板的特点是色泽鲜艳易于造型，具有很强的视觉冲击力，非常美观时尚且防水性能极佳，抗污能力强，易清理。但是价格较高，怕磕碰与划痕，一旦出现损坏就很难修补，只能整体更换，在油烟较多的厨房中易出现色差。烤漆门板的内部一般仍为普通覆面装饰层（图4-50）。

2）台面

整体橱柜的台面追求平整、

图4-47　实木门板

图4-48　覆面门板样本

图4-49　烤漆门板样本

图4-50　门板内部

图4-51　石英石台面

坚固，由以往的天然石材逐渐变为人造石材或不锈钢板。

　　人造石材主要有石英石与普通人造石两种，石英石台面是利用碎玻璃与石英砂制成，优点是耐磨不怕刮划，不受污染，耐热好，无毒无辐射，可大面积铺地、贴墙，拼接缝不明显，经久耐用，但是石英石台面硬度太强，不易加工，形状过于单一，且价格较高（图4-51）。人造石台面应用最为广泛，具有耐磨、耐酸、耐高温、抗冲、抗压、抗折、抗渗透等优势，其变形、黏合、转角等部位的处理精致，无任何接缝痕迹，表面无孔隙，油污、水渍不易渗入其中，因此抗污力强（图4-52）。人造石台面可任意长度且无缝粘接，同材质的胶粘剂将两块粘接后打磨，浑然一体。但是人造石台面比较容易断裂，硬度不高，品种质量参差不齐，不易分辨出好坏。

　　不锈钢台面光洁明亮，各项性能较为优秀，一般是在高密度防火板的表面再加一层1mm厚的不锈钢板，坚固易于清洗，实用性较强（图4-53）。但是视觉效果较硬，在橱柜台面的转角部位与各结合部缺乏合

图4-52　人造石台面

图4-53　不锈钢台面

理、有效的处理手法。不锈钢台面适用于经常从事烹饪的家庭。

3）五金配件

五金配件主要包括铰链、滑轨、拉篮、压力装置等，直接影响整体橱柜的综合质量。

铰链一般采用不锈钢制品，它不但要将柜体与门板准确地衔接起来，还要独自承受门板重量，橱柜门的开关次数多达数万次，必须保持门板排列整齐，否则一段时间之后就可能前仰后合。优质铰链应能负重5kg，开关速度为3秒/次，开启寿命达8万次以上（图4-54）。

橱柜中的滑轨主要为钢珠滑轨与硅轮滑轨。前者通过钢珠滚动，自动排除滑轨上的灰尘与脏物，从而保证滑轨的清洁，不会因脏物进入内部而影响其滑动功能。同时钢珠可以使作用力向四周扩散，确保抽屉水平与垂直方向的稳定性。硅轮滑轨在长期使用、摩擦过程中所产生的碎屑呈雪片状，并且通过滚动还可以将其带出来，同样不会影响抽屉的开关（图4-55）。

拉篮安装在橱柜内能获得较大的储物空间，而且可以合理分配空间，使各种厨房用品各得其所（图4-56）。在橱柜内加装网篮与网架是扩大橱柜使用效率的好方法。旋转式网架使每处空间都得到良好利用。拉篮一般分不锈钢、镀铬及烤漆等材质，以不

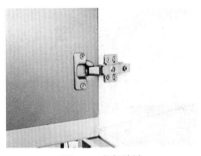

图4-54 柜门铰链

图4-55 抽屉滑轨

图4-56 橱柜拉篮

锈钢材质为佳。拉篮一般是按橱柜尺寸量身定制，所以提供的橱柜尺寸一定要准确。拉篮的焊点要饱满，无虚焊，表面要光滑，手感舒适，无毛刺。

气压及液压装置主要用于翻板式上开门或垂直升降门。有的装置能制动位置，可以随意停止门板位置。弹性较强的气压装置使柜门板开启与柜体保持一定距离，并且为门板提供了强有力的支撑。三角形的固定底座，使支架更具有稳定性。顺畅自如的支架使门板可以平行垂直上升，并且拉动时较轻松（图4-57、图4-58）。

选购整体橱柜要注意识别质量。首先，观察板材的封边，优质橱柜的封边细腻、光滑、手感好，封线平直光滑，接头精细（图4-59）。然后，观察板面打孔，现在的板式家具都是组装构造，孔位的配合与精度会影响橱柜箱体结构的牢固性（图4-60）。接着，观察门板，大型企业通过电脑输入加工尺寸，由电脑控制选料尺寸精度，一次能加工成若

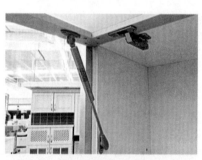

图4-57　气压装置

图4-58　液压装置

图4-59　柜门板封边

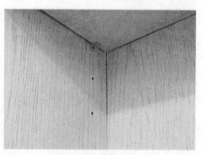

图4-60　板面打孔

干张板，设备的性能稳定，开出的板材尺寸精度非常高（图4-61、图4-62）。最后，观察整体橱柜的五金配件，五金配件直接影响橱柜质量，由于孔位与尺寸误差造成滑轨安装尺寸配合上出现误差，可能会造成抽屉或门板拉动不顺畅的状况（图4-63～图4-65）。

　　整体橱柜在日常使用中要注意保养。日常维护只需用海绵加中性清洁剂擦拭，就能保持清洁。如果要消毒可以采用稀释后的日用漂白剂（漂白剂∶水=1∶3）或其他消毒药水擦拭其表面。平时应用毛巾及时擦去水渍，尽量保持台面的干燥。由于水中含水垢、氢离子，水在橱柜台面长时间停留会产生难以去除的污渍，可以用电吹风吹干水，细小的白痕可用食用油

图4-61　门板接缝

图4-62　门板平整度

图4-63　不锈钢米桶

图4-64　铝合金拉手

图4-65　镀铜拉手

润湿，干布轻擦表面去除，或采用中性洗洁剂、牙膏反复擦拭。

至于顽固污渍，则要根据板材表面的抛光度而定。哑光表面可以用去污性清洁剂圆圈打磨，然后清洗，再用干毛巾擦干。隔段时间用百洁布将整个台面擦拭一遍，使其保持表面光洁。高光表面可以用海绵擦拭，对于难以除去的污垢，可用1000号砂纸打磨，然后用软布与亮光剂擦拭。

2. 抽油烟机

抽油烟机又被称为吸油烟机，是一种净化厨房环境的厨房电器。它安装在厨房炉灶的上方，能将炉灶燃烧的废气与烹饪过程中产生的油烟迅速排至室外，减少污染，净化空气。

抽油烟机主要由机壳、风道、电动机、风轮、止回阀、集排油装置、照明装置、电源开关等构成。其中，电动机是抽油烟机的核心，采用全封闭电动机，风轮规格为$\phi 220 \sim \phi 240$mm，由铝合金片冲压而成，经久耐用不变形，动平衡性能好。

抽油烟机接通电源后，电动机启动，使得风轮作高速旋转，使炉灶上方一定的空间范围内形成负压区，将室内的油烟气体吸入吸油烟机内部，油烟气体经油网过滤，进行第一次油烟分离，然后进入烟机风道内部，通过叶轮的旋转对油烟气体进行第二次的油烟分离，风柜中的油烟受到离心力的作用，油雾凝集成油滴，通过油路收集到油杯，净化后的烟气最后沿固定的通路排出。

现代抽油烟机主要分为上吸式与侧吸式两种。上吸式抽油烟机与排风扇原理类似，是将油烟直接排到室外，占用空间较大，噪声大，容易碰头，清洗不方便，安装结构一般采取吊挂式（图4-66、图4-67）。侧吸式抽油烟机不容易碰头，外观时尚，缺点是吸力小，底部容易积油，不适合经常烹饪的家庭使用（图4-68）。中档抽油烟机价格为800～2000元/件。

抽油烟机品种繁多，在选购时要注意识别。首先，注重功率，抽油烟机打开后，将1～3张样宣纸放在抽油烟机下方约300mm处，样宣纸应能迅速上升，吸附在抽油烟机风口处，同时噪声并不大（图4-69）。然后，关注面板材质，油烟机的面板应具有抗氧化、抗腐蚀

图4-66 上吸式抽油烟机（一）

图4-67 上吸式抽油烟机（二）

图4-68 侧吸式抽油烟机

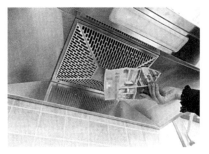

图4-69 样宣纸测试

功能，表面平整，能越擦越亮，优质产品一般为合金材质（图4-70、图4-71），可以使用磁铁进行测试，能够吸上的则视为一般劣质合金或铁质。接着，注意内腔，抽油烟机内腔应无缝且易清洁，尤其是在油网与内腔结合部应无缝。同时要求内腔能保护线路，从各个部位观察，都应看不到电线，各种线路能在油烟强腐蚀环境下正常工作，而不被腐蚀。最后，询问拆洗方式，抽油烟机是不可能完全免拆洗的，当抽油烟机使用满一年之后就必须拆洗，否则涡轮与内腔有油烟附着，将会严重影响抽油烟的效果。优质抽油烟机的拆洗方式应比较简单，拆装方便。

抽油烟机在日常使用中要注意保养。新抽油烟机在启用前，应先在储油盒里喷上一层清洁剂，再注入约30%的清水，在使用中回收下来的油就会漂在水面上，而不是凝结在内壁上，等废油积满后倒掉后继续使用。彻底清洗抽油烟机其实比较简单，将储油盒、油网、扇叶等构造拆

图4-70 面板材质

图4-71 面板接缝

下后放在食醋与洗洁精溶液中浸泡，浸泡溶液的配置比例为水：食醋：洗洁精=2000mL：100mL：20mL，浸泡约20分钟后，再用干净的抹布擦洗。油烟机的机身也用此溶液进行清洗，将溶液温度保持在50℃左右，其去污能力最佳。这种自行调配的清洗溶液对皮肤无刺激，对抽油烟机无腐蚀，清洗后表面仍保持原有光泽。

如果抽油烟机不是太脏，或经常清洁，可以免拆卸清洗。首先，拿1个600mL的纯净水塑料瓶，用缝衣针在盖上戳10余个小孔，然后，装入10mL洗洁精，再加满50℃左右温热水摇动均匀。接着，启动抽油烟机，用盛满洗洁液的塑料瓶向待洗部位喷射溶液，此时可见油污与溶液混合后流入储油盒中，清洗2～3遍即可冲洗干净（图4-72）。如果扇叶外装有网罩，应先将网罩拿下以加强洗涤效果。最后，用抹布将吸气口周围、机壳表面、灯罩等处擦拭干净。

3. 热水器

热水器是指通过各种物理原理，在一定时间内使冷水温度升高变成热水的设备。热水器一般安装在厨房、卫生间内，供日常清洗、淋浴使用，中档产品价格为2000～4000元/件。常见的热水器按照原理不同可分为电热水器、燃气热水器、太阳能热水器等三种。

1）电热水器

电热水器的特点是使用方便、节能环保，能持续供应热水。电热水器分为储水式与即热式两种。储水式电热水器的容量为30～100L（图4-73），安装简单，使用方便，是目前市场消费者的首选。但是储水式电热水器体积大，占空间，使用前要提前预热，等待时间比较长，容易

图4-72 喷射洗洁液

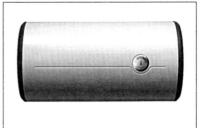
图4-73 储蓄水式电热水器

长水垢，每年需要除垢。即热式电热水器出热水快，只需1min即可，热水量不受限制，可连续不断供热水，体积小，外形精致，安装、使用方便快捷（图4-74）。但是即热式电热水器功率高，一般只在厨房中，用于连接水槽上的水龙头，又被称为小厨宝，容量为5~10L。

2）燃气热水器

燃气热水器使用成本低，热效率高，加热速度快，水温恒定，温度调节稳定，价格低廉。一般家庭，使用8~12L的燃气热水器即可。燃气热水器的安全问题需要额外关注，能否及时排走有毒气体，成为燃气热水器安全性的关键。目前，一般采用强制给排气式燃气热水器，即安装管道将燃烧气体排至室外（图4-75）。

3）太阳能热水器

太阳能热水器是采用真空集热管组装的热水器，有光照便能产生热水，具有集热效率高、安全、清洁、节能、保温性能好、使用寿命长等特点。太阳能热水器的规格分12~24支管等产品，适用于不同规模的

图4-74 即热式电热水器

图4-75 燃气热水器

家庭，主要可以分为屋顶式太阳能热水器与阳台式太阳能热水器两种。太阳能热水器的使用主要受天气影响，一般在阴雨天就必须使用辅助电加热装置，对于安装位置的要求也非常严格，在城市里一般只有顶层或别墅住宅中才安装（图4-76）。

选购热水器要注意质量，应选择知名品牌产品，根据家庭成员数量选择容量。其中，电热水器是目前市场消费的主流，其质量核心是内胆，目前知名品牌多采用钛金内胆，这也是电热水器市场的主流产品，内胆由含钛金属制成，具有强度高、耐高温、抗腐蚀等特点，性能稳定，有卧式、立式可供选择。其次是晶硅内胆，它是在钢板基础上将硅化物经高温烘烤使之附着在内胆壁上，可以使水与内胆隔离，避免水与钢板直接接触，具有不生锈、强度高的优点。

电热水器的维护保养非常的重要，一方面要确保用电安全，另一方面看能否达到预期的使用寿命。电热水器应定期清洗内胆，由于水中含有的微量杂质与矿物质，长期使用后会慢慢沉淀下来。电热水器每年应定期请专业人员对设备进行检查，检查安全性能并对有可能潜在的隐患进行排除。如果长期闲置，应关闭电源，排空内胆的贮水。为确保热水器的正常使用，每月需开启至少1次安全阀，保证安全阀的正常泄压。

★装修顾问★

洗浴器灯光刺眼

灯泡型洗浴器的灯光能量与强度特别高，长时间盯着灯光看，强光会进入眼睛，反射聚焦在眼球上，进而灼伤视网膜黄斑，这与眼睛直接看太阳被灼伤同理。即使是成人在使用时也应注意避免被灼伤。儿童的角膜与结膜表层都比较娇嫩，无法有效过滤浴霸中所含的蓝光，这种蓝光能穿过角膜与晶状体，损伤视觉细胞。

家长在给孩子洗澡时若打开洗浴器，孩子出于好奇心，就会一直盯着洗浴器看，很容易被灼伤，严重的甚至会对儿童视力造成永久伤害。0~3岁是视力发展的敏感时期，也是比较脆弱的时期。如果给婴幼儿洗澡时需要使用，为避免孩子眼睛受强光刺激，可提前将洗浴器打开对浴室进行预热，洗澡时关闭灯暖，使用风暖保温，或适当遮挡灯泡或调整洗澡位置，减少直射强度与时间。

4. 洗浴器

　　洗浴器又称为浴霸，或多功能取暖器，是通过特制的防水红外线灯与换气扇组合，将浴室的取暖、红外线理疗、换气、照明、装饰等多种功能合为一体的浴室用小家电产品。

　　洗浴器是许多家庭沐浴时首选的取暖设备，发热原理可分为灯泡型、陶瓷型、组合型等三种。灯泡型洗浴器采用红外线石英加热灯泡作为热源，通过直接辐射加热室内空气，不需要预热，可在瞬间获得大范围的取暖效果。一般采用2盏或4盏275W硬质石英防爆灯泡取暖，开灯即可取暖，无需预热，效果集中、强烈，非常适合生活节奏快的人群（图4-77、图4-78）。陶瓷型洗浴器是以陶瓷发热元件为热源，具有升温快、热效率高、不发光、无明火、使用寿命长等优点，同时具有双保险功能，非常安全可靠。红外型洗浴器采用远红外线辐射加热灯管与陶瓷发热元件联合加热，取暖更快，效率更高（图4-79）。目前灯泡型洗浴器是市场的主流产品，中档产品的价格为500～1000元/件。

　　由于洗浴器在潮湿环境下工作，在购买时应注意识别质量。首先，

图4-76　太阳能热水器

图4-77　壁挂式灯泡型洗浴器

图4-78　吊顶式灯泡型洗浴器

图4-79　红外型洗浴器

要注意取暖灯的安全性，灯头应采用双螺纹以杜绝脱落现象，应具备严格防水、防爆要求，最好选购取暖泡外有防护网的产品（图4-80）。洗浴器的取暖灯泡还采用内部负压技术，即使灯泡破碎也只会缩为一团，不会危及安全。然后，关注材料与外观工艺，外型工艺水平要求不锈钢、烤漆件、塑料件、玻璃、电镀件镀层等表面均匀光亮，无脱落、凹痕、划伤、挤压等痕迹（图4-81）。接着，要注意识别假冒伪劣产品，很多经销商采用冒牌商标与包装，或将组装品牌冒充原装商品，但此类商品一般外观、工艺都较粗糙。最后，应选择知名名牌产品，选购时应检查是否有3C认证、生产许可证、厂名、厂址、出厂年月日、产品合格证、检验人员的号码，以及图纸说明书、售后信誉卡、维修站地址与电话等。此外，要根据浴室面积的大小进行选择，使用灯泡型洗浴器还要根据使用面积与内空高低选择功率，一般浴室内空高为2.6m，2个灯泡的洗浴器适用于$3m^2$左右的浴室，4个灯泡适合于$4 \sim 6m^2$的浴室。

　　洗浴器在安装与使用时要注意，选购的洗浴器厚度不宜太大，一般在200mm左右即可，如果洗浴器太厚就不便安装。洗浴器应安装在浴室顶部的中心位置，或略靠近浴缸、淋浴房的位置，这样既安全又能使功能全部发挥。在使用时不能用水泼洒，虽然洗浴器的防水灯泡具有防水功能，但机体中的金属配件却无法防水，金属仍然导电，会引发短路，引发危险。日常使用不能频繁开关洗浴器，在使用中切忌周围有较大的振动，否则会影响取暖泡的使用寿命。如运行中出现异常情况，应即停止使用，且不可自行拆卸检修，一定要请售后服务维修部门的专业技术人员进行检修。时常保持浴室通风、清洁、干燥，以延长洗浴器的使用寿命。

图4-80　洗浴器灯泡

图4-81　洗浴器背后

三、成品门窗

现代家居装修多采用成品门窗，安装方便、快捷，质量均衡，样式新颖，成品门窗主要包括成品房门、塑钢门窗、铝合金门窗等几种。

1. 成品房门

成品房门又被称为成品木门，在家居装修中用于室内房间安装的成品构造。成品房门结构简单，样式繁多，除门板外，还配有门套、合页、拉手、门锁等配件，安装十分方便，是目前家居装修的主流。市场上成品门的种类很多，按材质类别可以分为以下几种。

1）实木门

实木门采用致密度较高的原木制作，经过高温脱脂、烘干等工艺将木材的含水率控制在8%～12%，通过拼接制作。实木门厚重结实、环保性能好，方便各种造型，生产时要求原木致密度高，否则容易变形，受原材料限制价格较贵（图4-82）。为了降低成本，还可以将原木通过加工成指接板门芯，用5～8mm厚的实木面板做饰面，经过冷压工艺制

图4-82 实木门样式

作，门板厚重结实，不容易变形，方便各种造型，环保性能好。价格比全实木门稍低，产品质量主要取决于门芯材料的质量。中档实木门的价格为3000~4000元/套（图4-83）。

2）复合门

复合门的内部门芯是实木指接板，外部为3mm厚的实木板。这类产品是目前家居装修的主流产品，质量稳定，价格较低。也有一些低价产品中间板芯为实木指接板，表面铺装3mm厚的高密度板纤维板，表面再铺贴0.2~0.6mm厚的木皮，或涂装油漆。中档复合门的价格为1000~3000元/套（图4-84）。

3）模压门

模压门由高密度纤维板冷压而成，外观造型漂亮，不易变形。模压门中间无板芯，只有木质龙骨作为框架，表面由两张纤维板冷压而成，外面贴PVC板，无须涂饰油漆。模压门价格低廉，造型品种繁多，价格为600~1500元/套（图4-85）。

图4-83 实木门

选购成品房门要注意品质。首先，要关注房门的款式与色彩，应该与家居风格协调搭配。房门的色彩一般应接近家具颜色，只在细节上有所区别即可，如房门的纹理与木地板纹理应有所区别。至于具体色彩要根据实际情况进行选择。然后，观察房门质量，

图4-84 复合门

图4-85 模压门

用手抚摸房门的边框、面板、拐角处，要求无刮擦感，且柔和细腻，站在门的侧面迎光处观察门板的表面是否有凹凸、波浪（图4-86、图4-87）。接着，注意配件质量，锁具、合页等配件质量直接影响门的舒适度（图4-88、图4-89），内门应有专用密封条，安装时门框与墙体之间应严格密封。最后，注意厂家的售后服务，如生产资质证书、产品保修期、施工员安装水平等。

　　成品房门施工比较简单，但是仍要严格操作。首先，整理家居装修后的门框结构，检查门框位置的准确度，并放线定位。放线时应考虑抹灰层的厚度，并根据门尺寸、标高、位置及开启方向在墙上画出安装位置线。有贴脸的门，立框时应与抹灰面平。然后，安装门框，门框安装应保证牢固，用钉子与木砖钉牢，如果隔墙为加气混凝土条板，应按要求预留 ϕ 40mm的孔，孔深80～100mm，并在孔内预埋木撅。门框摆正后用木楔进行临时固定，然后用线坠、水平尺校正、找直，并安装门套，门套线条一般先横后竖，接缝处成45°角，拼缝要严密。接着，安

图4-86　门板表面

图4-87　门板玻璃

图4-88　门锁拉手

图4-89　合页

装门板，在门框上安装合页，并将门板安装至门框上，同时安装门锁、拉手等配件。最后，待全部构造固定好后，门框与洞口墙体的缝隙先填塞发泡材料，内外侧再用水泥砂浆抹平。

2. 塑钢门窗

塑钢门窗是采用硬质聚氯乙烯树脂（UPVC）为主要原料，加上一定比例的稳定剂、着色剂、填充剂、紫外线吸收剂等，经挤出成为型材，然后通过切割、焊接或螺接的方式制成门窗框扇，装配密封胶条、毛条、五金件等配件制成门窗，同时为增强型材的刚性，超过一定长度的型材空腔内需要添加钢衬（加强筋），因此被称为塑钢门窗（图4-90、图4-91）。

塑钢门窗为多腔式结构，具有良好的隔热性能，其传热性能甚小，具有良好的保温效果。塑钢门窗具有良好的耐腐蚀性能，原料中添加紫外线吸收剂、耐低温冲击剂，从而提高了塑钢门窗耐候性。长期用于温差较大的环境中，在烈日、暴雨、干燥、潮湿环境中，无变色、变质、老化、脆化等现象。塑钢门窗材质细密平滑，质量内外一致，无须进行表面特殊处理、易加工、经切割、熔接加工后，门窗成品的长、宽及对角线均<2mm。塑钢门窗与优质胶条、塑料封口件搭配使用，其密封性能效果显著。但是，塑钢门窗的刚性不好，必须在内部附加钢材增加硬度。此外，防火性能略差，燃烧时会有毒烟排放。塑钢门窗一般用于住宅外墙门窗的制作，或用于卫生间、厨房、阳光房、阳台等空间的分隔、围合。以采用5mm厚的普通玻璃为例，塑钢门窗价格为150~200元/m²。

图4-90　塑钢门窗

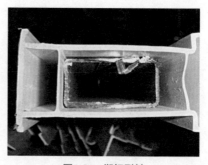

图4-91　塑钢型材

图4-92　塑钢门窗表面

图4-93　塑钢门窗锁具

　　选购塑钢门窗主要关注两方面质量，其一，观察塑钢骨架表面，塑钢骨架表面应光滑平整，无开焊断裂，外观应具有完整的剖面。优质塑钢是青白色的，雪白的型材防晒能力差，老化速度也快（图4-92）。其二，观察玻璃与五金件，塑钢配套玻璃应平整、无水纹，安装好的玻璃不直接接触型材，五金件应配套齐全，位置正确，安装牢固，使用灵活（图4-93）。

★装修顾问★

成品门窗的形式

　　（1）平开窗。开启面积大，通风好，密封性好，隔声、保温、抗渗性能优良，擦窗方便，外开式开启时不占空间，但是窗幅小，视野不开阔。外开窗开启要占用户外空间，刮大风时易受损，而内开则会占去室内部分空间。使用窗纱不方便，如果质量不过关，还可能渗雨。

　　（2）推拉窗。简洁、美观，窗幅大，玻璃块大，视野开阔，采光率高，擦玻璃方便，使用灵活，安全可靠，使用寿命长，在一个平面内开启，占用空间少，但是两扇窗户不能同时打开，通风性相对较差。

　　（3）下悬窗。既可平开，又可以从上部推开。平开窗关闭时，向内拉窗户的上部，可以打开100mm宽的缝隙，通过铰链等与窗框连接固定。下悬窗既能通风，又能保证安全。

　　（4）平开门。有单开门与双开门之分，单开门指只有一扇门板，而双开门有两扇门板，平开门又分为单向开启与双向开启。单向开启是只能朝一个方向开，双向开启的门扇可以向两个方向开启。

　　（5）推拉门。其构造与推拉窗一样，只是下部边框仍然存在，容易形成门槛，其中沟槽容易沉积灰尘与杂物。

塑钢门窗的使用应注意，当门窗安装完毕后，应及时撕掉型材表面保护膜，并擦洗干净，否则保护膜的背胶会大量残留在型材上，后期很难清理干净。平开下悬窗是通过改变执手开启方向实现不同开启的，要了解如何正确操作，以免造成损坏。推拉门窗在使用时，应经常清理推拉轨道，保持其清洁，使轨道表面及槽里无硬粒子物质存在。塑钢门窗的窗框、窗扇等部位均开设有排水、减压系统，以保证门窗气密性能与水密性能，不能自行将门窗的排水孔与气压平衡孔堵住，以免造成门窗排水性能下降，在雨雪天气导致雨水内渗。

3. 铝合金门窗

铝合金门窗是指采用铝合金挤压型材为框、梃、扇料制作的门窗，简称铝门窗。铝合金门窗的设计、安装形式与塑钢门窗一致，只是材质改为铝合金，塑钢门窗中的钢衬（加强筋）也无须存在，结构更加简单。目前，运用较多的都是彩色铝合金门窗，即在铝合金型材表面增加了彩色镀膜，可以起到很好的保护与装饰的功能（图4-94）。

图4-94　铝合金门窗样本

铝合金门窗一般采用壁厚1.4mm的高精度铝合金型材制作（图4-95）。门窗扇开启幅度大，室内采光更充足，可以采用无地轨道设计，让出入通行毫无障碍，吊轮采用高强度优质滑轮，滑动自如、静声顺滑（图4-96）。铝合金门窗的耐久性更好，使用维

图4-95　铝合金型材

图4-96　铝合金门窗滑轨

修方便，不锈蚀、不褪色、不脱落，零配件使用寿命长，装饰效果优雅。铝合金型材表面有人工氧化膜并着色形成复合膜层，具有耐蚀、耐磨，且有一定的防火力，光泽度极高。此外，铝合金门窗由于自重轻，加工装配精密，因而开闭轻便灵活，无噪声。

铝合金门窗一般用于住宅外墙门窗的制作，或用于卫生间、厨房、阳光房、阳台等空间的分隔、围合。以采用5mm厚的普通玻璃为例，铝合金门窗价格为250～400元/m²。

选购铝合金门窗要关注质量。首先，测量厚度，优质铝合金门窗所用的铝型材，厚度、强度、氧化膜等应符合相关的国家标准规定，铝合金窗主要受力杆件壁厚应≥1.4mm，铝合金门主要受力杆件壁厚应≥2mm。然后，观察表面，同一根铝合金型材色泽应一致，如色差明显，即不宜选购。铝合金型材表面应无凹陷、鼓出、气泡、灰渣、裂纹、毛

★装修顾问★

钛镁合金门窗

钛镁合金材质是铝合金的升级材料，钛镁合金与铝合金除了掺入金属性质不同外，最大的区别在于还掺入碳纤维材料，无论散热、强度还是表面质感都优于铝镁合金材质，而且加工性能更好，外形比铝镁合金更加复杂多变。其关键性的突破是强韧性更佳，而且变得更薄。钛镁合金的强韧性是铝合金的3～5倍（图4-97、图4-98）。

但是，钛镁合金必须经过焊接等复杂的加工程序，故而价格较昂贵，制成门窗，以采用5mm厚的普通玻璃为例，铝合金门窗价格为400～600元/m²。

图4-97　钛镁合金门窗（一）

图4-98　钛镁合金门窗（二）

图4-99　砂纸打磨

图4-100　窗扇铰链

刺、起皮等明显缺陷。接着，检查氧化膜厚度，选购时可在型材表面用360号砂纸打磨，看其表面氧化膜是否会轻易褪色（图4-99）。最后，关注加工工艺，优质的铝合金门窗，加工精细，安装讲究，密封性能好，开关自如。劣质的铝合金门窗，随意选用铝材规格，加工粗制滥造，以锯切割代替铣加工，不按要求进行安装，密封性能差，开关不自如，不仅漏风、漏雨，还会出现玻璃炸裂等现象，而且遇到强风或外力，容易造成玻璃刮落或碰落（图4-100）。

参考文献

[1] 吴志斌. 油漆工实用技术手册 [M]. 武汉：华中科技大学出版社，2011.

[2] 刘登良. 涂料工艺 [M]. 北京：化学工业出版社，2010.

[3] 闫福安. 水性树脂与水性涂料 [M]. 北京：化学工业出版社，2010.

[4] 杨修春，李伟捷. 新型建筑玻璃 [M]. 北京：中国电力出版社，2009.

[5] 罗忆，刘忠伟. 建筑玻璃生产与应用 [M]. 北京：化学工业出版社，2005.

[6] 战剑锋. 新编常用建筑装饰装修材料简明手册 [M]. 北京：中国建材工业出版社，2010.

[7] 蔡沪建. 厨柜设计与制作技术 [M]. 北京：中国劳动社会保障出版社，2007.

[8] 孙文迁，王波. 铝合金门窗设计与制作安装 [M]. 北京：中国电力出版社，2013.

阅读调查问卷

　　诚恳邀请购书读者完整填写以下内容，填写后用手机将以下信息、购书小票、图书封面拍摄成照片发送至邮箱：jzclysg@163.com，待认证后即有机会获得最新出版的家装图书1册。

姓名：_____　性别：_____　年龄：_____　学历：_____

年收入：_____　电子邮箱：_____　QQ：_____

邮寄地址：_____

您认为本书文字内容如何：□很好　□较好　□一般　□不好　□很差

您认为本书图片内容如何：□很好　□较好　□一般　□不好　□很差

您认为本书排版样式如何：□很好　□较好　□一般　□不好　□很差

您认为本书定价水平如何：□昂贵　□较贵　□适中　□划算　□便宜

您希望单册图书定价多少：□20元以下　□20～25元　□25～30元
□30～35元　□35～40元　□40～45元　□45～50元　□50元以上

您认为本书哪些章节最佳：□1章　□2章　□3章　□4章

您希望此类图书应增补哪些内容（可多选或填写）：

□案例欣赏　□理论讲解　□经验总结　□材料识别　□施工工艺

□行业内幕　□国外作品　□消费价格　□产品品牌　□厂商广告

其他：_____

请您具体评价一下本书，以便我们提高出版水平（100字以上）：

_____

_____

_____

_____

_____

_____